Seinsgeschichte und Technik bei Martin Heidegger

Begriffsklärung und Problematisierung

von

Stefan Zenklusen

Tectum Verlag
Marburg 2002

Vom selben Autor ist erschienen: *Adornos Nichtidentisches und Derridas différance – Für eine Resurrektion negativer Dialektik*, Berlin 2002

Die Deutsche Bibliothek - CIP-Einheitsaufnahme

Zenklusen, Stefan:
Seinsgeschichte und Technik bei Martin Heidegger.
Begriffsklärung und Problematisierung.
/ von Stefan Zenklusen
- Marburg : Tectum Verlag, 2002
ISBN 3-8288-8401-6

© Tectum Verlag

Tectum Verlag
Marburg 2002

Doch das Sein – was ist das Sein? Es ist Es selbst. Dies zu erfahren und zu sagen, muss das künftige Denken lernen.

Martin Heidegger, *Über den Humanismus*

Heidegger tire les ficelles qui font bouger les pantins.

Henri Meschonnic, *Le langage Heidegger*

Inhalt

Vorwort 9

I) Seinsgeschichte
1) Genese eines Begriffs 12
2) Strategie der Kehre – Kehre der Strategie 29
3) Φύσις, λόγος und Seinsgeschick 35

II) Technik
1) Die Frage nach der Technik 41
2) Das Ge-stell als Endstufe der Metaphysik und die Hoffnung auf den anderen Anfang 45

III) Kritische Nachträge
Sein 54
Technik 55
Sprache 57
Tautologie 59
Etymologismus 59
Zur Richtigkeit der Seinsgeschichte 62
Dekonstruktion als Konservation 66

Bibliographie 75

Vorwort

Diese Arbeit soll eine umfassende Übersicht über das seinsgeschichtliche Denken Martin Heideggers bieten. Ich schrieb sie mit dem Vorsatz, die Blickwinkel so zu variieren, dass nicht nur die eigentümliche Heideggersche Atmosphäre spürbar wird, sondern auch deren Suggestivkraft und Problematik analysiert und begreifbar werden. Vor allem war es mir ein Anliegen, nicht in dem Masse der Mimesis zu erliegen, wie sie in der Heidegger-Literatur grassiert. Heidegger nicht ausschliesslich mit seiner Begrifflichkeit näherzukommen, heisst nicht auch sofort, an ihm vorbeizugehen. Jedenfalls dann, wenn Philosophierezeption sich davor hütet, schlicht Vorliegendes kombinatorisch wiederzugeben.
Den in Heideggerschen Belangen Geübten soll die Arbeit einige anregende "Winke" geben, den Anfängern eine brauchbare Einführung sein, die denn auch manchen stellenweise ein wenig redundant scheinen mag. Diese Darstellungsweise und die damit verbundenen Zielsetzungen haben aber wenig mit einem allfälligen unerschütterlichen Glauben an Konsens oder Kommunikation um jeden Preis zu tun. Die Einsicht, dass eine Reflexion, die zur allseitigen Verständlichkeit und "Anwendbarkeit" verflacht, meist keine taugliche mehr ist, entbindet nicht vom Misstrauen gegenüber der Zelebrierung des Nicht-Mitteilbaren. Je mehr diese in aufgeblasener Überhöhung der "Abgründe" von Rationalität besteht, desto mehr mutiert der vorgeschobene Abschied von der Metaphysik zur negativen Theologie. Dass den eifrigsten Beschwörern des Ungreifbaren und Unsagbaren ein gewisser Esoterismus und Elitismus eignet, bestätigt den Verdacht, dahinter stehe jeweils ein gewöhnlicher modernitätsreaktiven Reflex.
Über den darstellenden und "nachdichtenden" Approach hinaus habe ich weitgehend auf eine Würdigung der allenfalls wertvollen Abschnitte Heideggerscher Denkwege verzichtet. Dies aus zwei Gründen: Erstens ist mir Heideggers Philosophie dafür zu ambig. Zweitens findet die Würdigung schon längst statt und wird seit rund 30 Jahren indirekt begleitet durch postmodernistische Übernahmen Heideggerschen Denkens mitsamt seiner Hauptmotive, seines Erzähl- und Argumentationsstils, seines unverwechselbaren Gestus.
So scheint als Fundament zur...Dekonstruktion heutiger Dekonstruktion vorderhand eine Lösung geboten: Zurück zu Heidegger! Um so mehr,

als nach und nach der Eindruck entsteht, dass besagte Verfahrensrichtung nur beschränkt fähig (gewillt?) ist, eine Problematisierung derjenigen Scharnierstellen Heideggerscher Metaontologie durchzuführen, denen eine bestimmte Gefährlichkeit anhaftet. Je ausdrücklicher etwa Jacques Derrida vorgibt, das zu tun, desto deutlicher trägt die Untersuchung jeweils Heideggers Handschrift. Daraus zog ich die Erkenntnis, dass die Rede von der Verpflichtung, Heidegger doch endlich zu *lesen* und zu *denken* nicht selten auf Imitation herausläuft. Inwiefern im übrigen der dekonstruktivistische Begriff des Lesens eine dem "Denken" bei Heidegger analoge Funktion hat, müsste Thema eigener Arbeiten sein. Zumindest sei auf Henri Meschonnic verwiesen, dem die Ehre gebührt, mit seinem *Le langage Heidegger* auf die akkumulierten Peinlichkeiten der orthodoxen Heideggerianer (von denen die Dekonstruktivisten ausgenommen seien) mit Bravour und Witz geantwortet zu haben.
Tatsächlich werde ich, obwohl Meschonnics Leistungen in vorliegender Arbeit kaum integriert wurden, nie davon ablassen, den Skandal des orthodoxen Heideggerianismus im Lande Montaignes und Voltaires anzuprangern. Wie die Rezeption des Farías-Buches 1989 zeigte, zeichnet sich diese im Gefolge der Einflussnahme Jean Beaufrets entstandene Bewegung bisweilen durch Argumentationsmethoden aus, die von einer gewissen Unansprechbarkeit geprägt sind. Dass die gemeinten Vertreter ihre Veröffentlichungen bisweilen gar als Beitrag zum Dialog zwischen deutscher und französischer Welt verkaufen, will darüber hinwegtäuschen, dass es sich hierbei in erster Linie um einen langatmigen, tauben Monolog handelt. Nietzsche, der Frankophile, hätte solches nur mit dem Vermerk: "Sünde wider den französischen Geist" abtun müssen. Warum aber insbesondere den Begriff der Technik begutachten? Eben deshalb, weil er im Rahmen der Seinsgeschichte (unausgesprochen) eine Kreuzungsstelle darstellt, die von verschiedenen Linien gebildet wird, welche wiederum in ihrer Verschiedenheit zu berücksichtigen sind und nicht einfach textuell hermetisiert werden dürfen. Die Frage nach der Technik ist eine Art der Heideggerschen Frage nach dem Sein, die die Fragen nach dem Menschen in der Moderne und nach der Zivilisation überhaupt implizieren.
Wirkliche Hermeneutik lässt dem Text seine Eigenmacht, ohne dabei die Kontextualisierung als Fiktion abzutun. Sie strebt eine permanente Historisierung im Element philosophischer Reflexion an. Deshalb verwei-

gert sie die falsche Alternative eines platt-realistischen oder biographischen Reduktionismus zum einen und des Jüngerschar-Minimalismus oder kalauernden dekonstruktivistischen Textdesigns zum andern. Genauso einseitig wie der absicherungsstrategische Jargon der Orthodoxie ist die positivistische Abschiebung Heideggers in die Ecke der "Begriffsdichtung". Tatsächlich besteht ein arbeitsteiliger Konsens zwischen beiden Seiten. Gegen diesen Konsens im Dissens opponiert meine Arbeit.

Als geeignete Arbeitsstellung zum Problemkreis "Heidegger und der Nationalsozialismus" habe ich eine Methode à la Bourdieu vorgeschlagen. Wegen ihrer Polyvalenz drängt sie sich auf und übertrifft dank grösserer Durchdringungskraft die mir bekannten Ansätze, auch wenn die ihr zugrundegelegte (Meta-)Soziologie von der Anklage eines gewissen theoretischen "Schdanowismus" nicht immer leicht freigesprochen werden kann. Umgesetzt wurden die Bourdieuschen Vorschläge in vorliegender Arbeit freilich nur rudimentär.

Althergebrachte Ausdrücke verwenden, die gelegentlich den Stallgeruch bäuerlicher Subsistenzwirtschaft verströmen, und ihnen Schritt für Schritt die Weihe des Über- und Vorontologischen verleihen: Auch das ist ein Charakteristikum Heideggerscher Denkoperationen. Da aber in einer Zeit, wo das Bedürfnis nach "Konkretem" (von der Workshopaneignung des Spirituellen nicht zu trennen) die unheimliche Hatz auf "Fremdwörter" (stupenderweise bei gleichzeitiger Herrschaft des Anglodummdeutschen) wieder möglich macht, anscheinend auch das Vorurteil vermehrt um sich greift, was deutsch sei, sei deutlich, gerät das Übersetzungsproblem "Heidegger" zu einer ganz speziellen Aufgabe. Also hoffe ich doch schwer, Heideggers...Umdeutschung erfolgreich durchgeführt zu haben. Ganz konkret!

Zentrale, genuin Heideggersche Ausdrücke erscheinen in den Darstellungsteilen jeweils beim ersten Auftreten fettgedruckt. Die alte und schweizerische Rechtschreibung (ohne ß) wurde beibehalten.

Stefan Zenklusen
Zürich, Februar 1994 (Überarbeitung im Januar 2002)

I) Seinsgeschichte

1) Genese eines Begriffs

Den Beginn der Ausführungen zum Thema **Seinsgeschichte** widmen wir den beiden Vorträgen *Vom Wesen der Wahrheit* (1943) und *Platons Lehre von der Wahrheit* (1942). Dies geschieht nicht nur in wesentlicher Übereinstimmung mit der Heidegger-Literatur, welche weitgehend in den genannten Beiträgen die ersten eindeutigen Zeugnisse einer Zäsur nach *Sein und Zeit* (1927) erkennt, sondern entspricht bis zu einem gewissen Grad auch der Selbstinterpretation Heideggers.[1]

In WW kommen Seinsfrage und Geschichtlichkeit des Seins noch nicht mit klaren Konturen zum Vorschein, doch bleiben sie stets im Visier, denn ein Grundzug des "späteren" Heidegger besteht in der Konvertabilität, um nicht zu sagen Identifikation von Sein und Wahrheit. Um eine einigermassen sinnvolle Gegenüberstellung mit dem Ansatz von WW zu ermöglichen, sei eine grobe Zusammenfassung der in SZ vorgeschlagenen Lösung des Wahrheitsproblems vorangestellt.[2]

Bereits in SZ ist Heidegger um eine Radikalisierung der Wahrheitsfrage bemüht, was zur Freilegung einer ursprünglicheren Wahrheit führen sollte, die die allgemein anerkannte Aussagewahrheit (prädikative / propositionale Wahrheit) erst ermöglicht. Heidegger verfährt hier wie beim Realitätsproblem, das heisst Wahrheit wird festgemacht an der **existenzialen** Struktur des **Daseins**, die durch Verstehen, Verfallen und Befindlichkeit konstituiert ist. Damit erweist sich der herkömmliche Wahrheitsbegriff als abkünftiger: "Primär 'wahr', das heisst entdeckend ist das Dasein. Wahrheit im zweiten Sinne besagt nicht Entdeckend-sein, (Entdeckung), sondern Entdeckt-sein (Entdecktheit)."[3] Dementsprechend liegt die primäre Bedeutung des Wahrseins einer Aussage nicht in einer

---

[1] cf. N I (Angaben zu den Kürzeln sind in der Bibliographie zu finden), p. 10 (Vorwort): "Die Veröffentlichung möchte, als Ganzes nachgedacht, zugleich einen Blick auf den Denkweg verschaffen, den ich seit 1930 bis zum Brief über den Humanismus (1947) gegangen bin. Denn die zwei kleinen, während der genannten Zeit gedruckten Vorträge Platons Lehre von der Wahrheit (1942) und Vom Wesen der Wahrheit (1943) sind bereits in den Jahren 1930/31 entstanden."

[2] cf. SZ, § 44 a-c.

[3] SZ, p. 20

Übereinstimmung im Sinne der adaequatio intellectus et rei, sondern im Umstand selbst, dass die Aussage entdeckt. Dieses Entdeckend-sein der Aussage ist jedoch wiederum nur anhand des bereits angesprochenen Entdeckungsvermögens des Daseins gegeben, das letzterem aufgrund des **In-der-Welt-seins**, oder dank der **Erschlossenheit** zuteil wird.[4] Die Möglichkeitsbedingungen von Wahrheit liegen in einem Subjekt, das allerdings nicht mehr bloss Erkenntnis- oder Bewusstseinssubjekt ist. Heidegger löst das Wahrheitsproblem aus der überlieferten erkenntnis- bzw. wissenschaftstheoretischen Perspektive ab, um es in einen scheinbar umfassenderen lebensweltlichen Kontext einzubetten. Die Behandlung des Wahrheitsproblems illustriert beispielhaft den SZ wie ein roter Faden durchlaufenden Hauptaspekt der Heidegerschen Methode. Gesetzt wird jeweils ein Welt- und Seinsvorverständnis des lebensweltlichen Subjekts (In-der-Welt-sein des Daseins), das etwa wissenschaftliche Objektivationen überhaupt erst ermöglichen soll. Die Analyse legt also Strukturen des In-der-Welt-seins, das heisst Existenzialien, frei, so dass beispielsweise die Beziehungen zwischen Subjekt und Objekt bzw. Aussage und Gegenstand nurmehr als abgeleitete gelten. Diese existenziale Analytik deckt das den Kategorien des Seienden Vorgeordnete auf und erhält deswegen die Bezeichnung **Fundamentalontologie**.

Die fundamentalontologische Läuterung des Wahrheitsbegriffs bringt den Reiz einer Absage an "Subjektphilosophie" und Szientismus. Gilt allerdings: "Das Dasein ist als konstituiert durch die Erschlossenheit wesenhaft in der Wahrheit."[5], so stellt sich die Frage, was eine solche Wahrheitsauffassung zu leisten vermag. Die direkte Verkoppelung von Wahrheit mit einem vorontologischen Weltbezug schafft vorderhand den Anschein wohltuender Unmittelbarkeit, generiert aber tatsächlich in ihrer abstrakten Leere den Nachteil völliger Unbestimmtheit.[6] Liegt in der Erschlossenheit nicht nur die Bedingung der Möglichkeit von Wahrheit, sondern sogar diese als solche, dann stehen wir vor einer ungeheuren Entschränkung des Wahrheitsbegriffs. Es muss der Verdacht aufkommen, das unfruchtbare Konzept eines maximalen Wahrheitsbegriffs sei dazu angelegt, möglichst geräuschlos die Frage der Ausweisung bei

---

[4] cf. SZ, §18 u. 31.
[5] SZ, p. 226
[6] Der Wahrheitsbegriff nährte auch mitunter die Debatte um den Dezisionismus in SZ.

Wahrheitsansprüchen (der Verifizierung im weitesten Sinne) zu umgehen.

Verfolgen wir nun die signifikanten Modifikationen, die sich gegenüber obigem Ansatz einige Jahre danach in WW einstellen. Ähnlich wie in SZ geht Heidegger aus von der "herkömmlichen" Wahrheitsauffassung, die auf "Stimmen", "Übereinstimmung" und "Richtigkeit"[7] herauslaufe. Diese Sicht präsupponiert aber nach Heidegger "(...) das Offene eines Bezirks, innerhalb dessen das Seiende als das, was es ist, sich eigens stellen und sagbar werden kann."[8] Auch hier wird der Ermöglichungsgrund von Wahrheit gesucht und festgemacht an der "(...) Offenständigkeit des Verhaltens; denn nur durch diese kann überhaupt Offenbares zum Richtmass werden für die vorstellende Angleichung."[9] Wie steht es jetzt aber genauer um die Bedingungen der Offenständigkeit? Durch eine merkliche Verschiebung sind sie nicht mehr vornehmlich beim Subjektteil des Daseins angesiedelt, sondern entscheidend wird, dass sich dieses "(...)Vorgeben schon freigegeben hat in ein Offenes für ein aus diesem waltendes Offenbares, das jegliches Vorstellen bindet."[10] Just dieses Freigegebensein verweist gemäss Heidegger auf das Wesen der Freiheit, was folgendes Zwischenergebnis erlauben soll: "Das Wesen der Wahrheit als Richtigkeit der Aussage verstanden, ist die Freiheit."[11] Die Freiheit wiederum darf aber nicht als eine dem Menschen zugehörige verstanden werden, denn sie "besitzt den Menschen."[12] Daraus wird ersichtlich, dass die Schwierigkeit des Wahrheitsnachweises aus SZ jetzt in anderer Weise wiederkehrt. Statt auf das Problem der Ausweisung wirklich einzugehen, erhebt Heidegger in WW das Offene oder die Offenbarkeit selbst zum Richtmass. Dieser Sachverhalt ist entscheidend für die einige Jahre nach SZ sich anbahnende Kehre, deren formale Transformation Ernst Tugendhat konzis beschreibt: "Nach dieser Seite erweist sich die Kehre als Kehre um den Wahrheitsbegriff herum, in dem Sinn, dass sie durch die aus dem Verlust des Wahrheitsbegriffs entstandene Situation der Unverbindlichkeit veranlasst wird, aber den Wahrheitsbezug ihrerseits

---

[7] WW in: WM, pp. 178-182
[8] a.a.O., p. 184
[9] a.a.O., p. 185
[10] ibd.
[11] a.a.O., p. 186
[12] a.a.O., p. 190

umgeht und ihre Position nun gleichsam auf seiner anderen Seite bezieht."[13]

Um zu zeigen, inwiefern WW die spätere seinsgeschichtliche Konzeption bereits in nuce enthält, seien folgende Punkte zusammengetragen:

– Der Akteur der Seinsgeschichte, das heisst das viele Namen tragende **Sein**, eine Art omnipotentes Metasubjekt, kann in WW noch nicht deutlich ausgemacht werden. Dessen Funktionen übernimmt aber im Prinzip schon das Offene, bzw. Offenbare, das vor und über der welterschliessenden Sinnschöpfung des Daseins waltet.

– In den beiden Nietzsche-Bänden impliziert der Begriff **Seinsgeschichte**, wie wir noch sehen werden, die metahistorische Ansicht der Geschichtlichkeit des Seins, insofern die eigentliche Geschichte diejenige des Seins selbst ist. Die Menschheitsgeschichte gilt als vom Sein geschickt. Diese Dimension taucht bereits in WW auf (in wenigen Sätzen freilich), etwa wenn es heisst, dass das Wesen der Wahrheit nicht "das leere 'Generelle' einer 'abstrakten' Allgemeinheit ist, sondern das verbergende Einzige der einmaligen Geschichte der Entbergung des 'Sinnes' dessen, was wir das Sein nennen und seit langem nur als das Seiende im Ganzen zu bedenken gewohnt sind."[14]

– Aus dem soeben zitierten Satz lässt sich auch ein weiteres Merkmal der Seinsgeschichte entnehmen, nämlich dass letztere wesentlich der **Verbergung** und Unwahrheit entstammt. Schon in SZ ist die Unwahrheit ein zur Wahrheit komplementäres und gleichursprüngliches Phänomen, das allerdings einzig in der Seinsverfassung des Daseins fusst.[15] Anders in WW. Hier wird Unwahrheit ursprungsphilosophisch als **Un-entborgenheit** gedacht, "die dem Wahrheitswesen eigenste und eigentliche Un-wahrheit", welche jedem daseinsmässigen Weltbezug vorhergeht und durch die Verbergung des Verborgenen qua **Geheimnis** "das Dasein des Menschen durchwaltet."[16] Zudem richtet sich die Alltagspraxis nur auf gewisse Sektoren des Seienden ein, so dass "das Nicht-waltenlassen der Ver-

---

13 E. Tugendhat, *Der Wahrheitsbegriff bei Husserl und Heidegger*, Berlin 1967, p. 364
14 WW in: WM, p. 200
15 cf. SZ, § 44b.
16 WW in: WM, p. 193f.

bergung des Verborgenen"[17] herrscht. Die Problematik dieser Unterlassung wiederum obliegt nicht nur der menschlichen Einstellung, vielmehr verleiht sie als **Vergessenheit** "dem scheinbaren Schwund des Vergessenen eine eigene Gegenwart", und das Geheimnis lässt den "geschichtlichen Menschen in seinem Gangbaren bei seinen Gemächten stehen."[18] Aus der **Daseinsverfallenheit** von SZ wird füglich das **Irren**, angesichts der "Umgetriebenheit des Menschen weg vom Geheimnis hin zum Gangbaren."[19] Damit wäre der verfallsgeschichtliche Charakter der Seinsgeschichte ebenfalls zumindest angedeutet.

Was Heidegger in dieser Weise "systematisch" anlegte, wird im Vortrag *Platons Lehre von der Wahrheit* gleichsam philosophiegeschichtlich entfaltet. Ausgehend vom Höhlengleichnis diagnostiziert Heidegger einen "Wandel des Wesens der Wahrheit"[20], dem Platon sich unterwerfe. Der vorplatonische Wahrheitsbegriff, die ἀλήθεια, ist als "das einer Verborgenheit Abgerungene"[21] zu verstehen. Obgleich nun Platon das Denken der ἀλήθεια durchaus attestiert wird, dränge trotzdem gesamthaft ein anderes Wesen der Wahrheit an ihre Stelle. Bei diesem Ablösungsprozess kommt die ἀλήθεια "unter das Joch der ἰδέα"[22], die Heidegger mit "das reine Scheinen im Sinne der Rede 'die Sonne scheint'"[23] umschreibt. Der Grundzug der Unverborgenheit geht in der neuen Notion verloren, zugunsten der ὀρθότης, charakterisiert als "Richtigkeit des Vernehmens und Aussagens."[24]

Durch diese von Platon eingeleitete Wende erfährt der Wahrheitsbegriff eine der Heideggers eigenen Kehre diametral entgegengesetzte Verschiebung. Die aus dem Höhlengleichnis hervorgehende Wandlung von der Unverborgenheit zur Richtigkeit, das heisst zu einem Kriterium menschlicher Vernunft, bedeutet mithin einen philosophiegeschichtlich

---

[17] a.a.O., p. 195
[18] ibd.
[19] a.a.O, p. 196
[20] PLW in: WM, p. 218
[21] a.a.O., p. 223
[22] a.a.O., p. 230
[23] a.a.O., p. 225 Dies auch als Hinweis auf Heideggers Misstrauen gegenüber der visuellen, und seiner Bevorzugung auditiver oder gestischer Metaphorik (**Ruf, Zuspruch, Wink** etc.)
[24] a.a.O., p. 231, aber auch als "Richtigkeit des Blickens", ibd.

datierbaren Abfall vom ursprünglichen Wahrheitsbegriff. Von hier aus entwirft Heidegger in seinen weiteren Ausführungen die nachfolgende Philosophiegeschichte als eine des Verfalls, dessen wichtigste Stationen zunächst Aristoteles, dann (repräsentativ für die Scholastik) Thomas von Aquin, sowie Descartes sind. Die Leitsätze der drei Denker zum Wahrheitsproblem bezeugen die zunehmende Einschränkung der Wahrheitsauffassung auf die ὁμοίωσις (Übereinstimmung, Angleichung der Aussage an den Sachverhalt). Sogar Nietzsche erliegt "im Zeitalter der anhebenden Vollendung der Neuzeit"[25] dieser Wahrheitsbestimmung. Deutlich spürbar ist die Distanz zur 1929 gehaltenen Freiburger Antrittsvorlesung *Was ist Metaphysik?*, als noch galt: "Die Metaphysik ist das Grundgeschehen im Dasein. Sie ist das Dasein selbst."[26] Nur ein Jahr später, in PLW, fungiert das Höhlengleichnis als metaphysikbegründender "Sündenfall", der bereits den Keim des von Heidegger perhorreszierten Humanismus in sich trägt: "Hiernach meint 'Humanismus' den mit dem Beginn, mit der Entfaltung und mit dem Ende der Metaphysik zusammengeschlossenen Vorgang, dass der Mensch nach je verschiedenen Hinsichten, jedesmal aber wissentlich in eine Mitte des Seienden rückt, ohne deshalb schon das höchste Seiende zu sein."[27]

Doch bei dieser Genese des Wahrheitsbegriffs und der angeblich darauf gründenden Weltanschauungen lässt Heidegger es nicht bewenden. Die Philosophiegeschichte wird nämlich fortan (ähnlich wie bei Hegel) zum Dietrich für die Geschichtsphilosophie. Metaphysikgeschichte betreiben heisst demnach, das kollektiv verbindliche Vorverständnis einer Kultur oder Gesellschaft in einer bestimmten Epoche zu eruieren, da ja die Metaphysik den Ort des deutlichsten Niederschlags "ihrer Zeit" darstellt. Deswegen darf Heidegger den bei Platon angesetzten Wandel des Wahrheitswesens erheben zur "alles durchherrschenden Grundwirklichkeit der in ihre neuste Neuzeit anrollenden Weltgeschichte des Erdballs."[28]

So darf es nicht verwundern, wenn die Geschichte eine aus menschlicher Optik heteronome Angelegenheit ist: "Was immer sich mit dem geschichtlichen Menschen begibt, ergibt sich aus einer zuvor gefallenen

---

[25] a.a.O., p. 233
[26] WiM, p. 41
[27] PLW in: WM, p. 236
[28] a.a.O., p. 237

und nie beim Menschen selbst stehenden Entscheidung über das Wesen der Wahrheit."[29]

Schliesslich fehlt im Vortrag auch ein letztes zentrales Moment der Seinsgeschichte nicht: die düstere Prophetie. Heidegger stellt die Möglichkeit durchaus in Aussicht, die ἀλήθεια einst als "Grundzug des Seins selbst"[30] wieder zu erfahren. Allerdings knüpft er diese Perspektive im Brustton der eschatologischen Überzeugung an eine vorhergehende Not, "(...) in der nicht immer nur das Seiende in seinem Sein, sondern einstmals das Sein selbst (d.h. der Unterschied) fragwürdig wird."[31]

Eine neuerliche Wende im Schicksal von Sein und Wahrheit setzt also eine Art Krise voraus, durch welche das sedimentierte Vorverständnis aufgebrochen würde. Sehen wir nun im folgenden, wie sich das Konzept der Seinsgeschichte insbesondere im Laufe der 30er und 40er Jahre weiterentwickelt.[32]

"Zurück von Syrakus", das heisst ein Jahr nach der Rektoratszeit 1933/34, hält Heidegger Vorlesungen, die er 1953 unter dem Titel *Einführung in die Metaphysik* veröffentlichen sollte. Die seinsgeschichtliche Disposition entspricht ungefähr der in PLW vorgelegten. Der einst offene Bezug zum Sein bei den Vorsokratikern (insbes. Parmenides und Heraklit)[33], dessen Preisgabe durch die Seinsauslegungen Platons und Aristoteles'[34] und der gegenwärtige "geistige Verfall der Erde"[35] bilden dieses Mal die Hauptzüge der Seinsgeschichte. Die EM eher auszeichnend ist jedoch der Umstand, dass die aus PLW bereits bekannte Verkoppelung der Metaphysikgeschichte mit der Diagnose historischen Geschehens[36] jetzt einen augenfällig politischen Inhalt erhält. Über die

---

[29] a.a.O., p. 237
[30] a.a.O., p. 238
[31] ibd.
[32] Die vornehmlich vom Sprachgestus der Härte und Schwere zehrende Rektoratsrede sei an dieser Stelle nicht eigens besprochen.
[33] EM, pp. 96ff.
[34] a.a.O., pp. 137ff.
[35] a.a.O., p. 29 Diese Stelle straft Heideggers Selbstinterpretation Lügen, wonach es sich bei der Seinsgeschichte nicht um eine Verfallstheorie handle (vgl. dazu *Martin Heidegger im Gespräch,*, Pfullingen 1988, p. 23). Dieses Dementi steht exemplarisch für das bereits in SZ anzutreffende, eifrige Bemühen, sich von anthropologisch-kulturpessimistischen Denkrichtungen abzusetzen. Zu den jäh in der Rektoratsrede auftauchenden und in EM weiterhin verwendeten Termini "Geist", "geistig" konsultiere man J. Derrida, *De l'esprit*, Paris 1987.
[36] Wir treffen damit nicht ganz die richtige Wortwahl, da Heidegger schon in SZ die "Geschichte" eindeutig dem"vulgären Geschichtsverständnis", genannt "Hi-

Deutschen heisst es: "Unser Volk erfährt als in der Mitte stehend den schärfsten Zangendruck, das nachbarreichste Volk und so das gefährdetste Volk und in alldem das metaphysische Volk."[37] Der erwähnte "Zangendruck" wird ausgeübt von "Russland" und "Amerika", die der Seinsvergessenheit total anheimgefallen sind, und von denen so dieselbe "trostlose Raserei der entfesselten Technik und der bodenlosen Organisation des Normalmenschen"[38] ausgesagt wird. Heidegger sieht offenbar in der damals sich abzeichnenden Doppelfrontbildung Deutschlands gegen Ost und West die symptomatische Zuspitzung einer seinsgeschichtlichen Lage, die sich seit langem anbahnte. Dem "metaphysischen Volk" muss in dieser Situation eine weltgeschichtliche Mission überantwortet werden: "All das schliesst in sich, dass dieses Volk als geschichtliches sich selbst und damit die Geschichte des Abendlandes aus der Mitte ihres künftigen Geschehens hinausstellt in den ursprünglichen Bereich der Mächte des Seins."[39]

Die Vorlesungen enthalten durchaus einige magere Angriffe auf das nationalsozialistische Bildungswesen[40]. Doch der "angepasste" Grundtenor, in mustergültiger antiintellektualistischer und -modernistischer Manier permanent die einzelnen Edlen den vielen Gewöhnlichen, das Rangmässige der Einebnung, das Geistige dem Wissenschaftlichen vorziehend, macht die Kritik mehr als wett. Durch diesen Kontext der ungleichen Ambivalenz ist denn auch folgender, memorabler Satz erklärbar: "Was heute vollends als Philosophie des Nationalsozialismus herumgeboten wird, aber mit der inneren Wahrheit und Grösse dieser Bewegung (nämlich mit der Begegnung der planetarisch bestimmten Technik und des neuzeitlichen Menschen) nicht das Geringste zu tun hat, das macht seine Fischzüge in diesen trüben Gewässern der 'Werte' und 'Ganzheiten'."[41] Auch wenn Heideggers Verhältnis zum Nationalsozialismus vor-

---

storie", vorzieht (§73). In VA wird unterschieden zwischen "historisch rechnen" und "geschichtlich denken" (p. 25).
[37] EM, p. 29
[38] a.a.O., p. 28
[39] a.a.O., p. 29
[40] a.a.O., pp. 38-41
[41] a.a.O., p. 152. Der Satz löste bekanntlich 1953 eine heftige Kontroverse aus, bei welcher namentlich Jürgen Habermas und Christian Lewalter sich engagierten. Des letzteren Interpretation wurde von Heidegger in einem Leserbrief gutgeheissen. Vgl. etwa Habermasens Vorwort zu V. Farías, *Heidegger und der Nationalsozialismus,,* Frankfurt a. M. 1989, pp. 30ff. Ob der Klammersatz erst im nachhinein eingefügt wurde oder nicht, bleibt bis anhin ungeklärt. Vgl. zur

erst nicht weiter beleuchtet werden soll, sei doch die seinsgeschichtlich "positive" Funktion festgehalten, welche die "Bewegung" durch obige Aussage erhält. Wohl distanziert sich Heidegger vorsichtig von der faktischen Wirklichkeit des Nationalsozialismus, dessen "innere Wahrheit und Grösse" bietet er nichtsdestoweniger als Potential auf, durch das die fade Verfallenheit des Durchschnittlichen wieder aufgehoben würde. Mitgemeint ist damit auch die Möglichkeit, dass sich die lange Zeit verdeckte, anfängliche Wahrheit des Seins neu ereigne. Hinsichtlich der Bewertung des Nationalsozialismus nimmt EM so (wie wir noch sehen werden) eine Position zwischen der Rektoratsrede und den Nietzsche-Bänden ein.[42]

Ab Mitte der dreissiger Jahre vollendet sich die bereits angesprochene Kehre (das Verhältnis von Dasein und Sein betreffend), und das seinsgeschichtliche Konstrukt zeigt erneut ein anderes, endgültig apokalyptisch anmutendes Gesicht. Zwei Motive spielen kontextuell für diese Entwicklung die Hauptrollen, nämlich Heideggers intensive Beschäftigung mit Nietzsche und die zunehmenden Unvereinbarkeiten mit der nationalsozialistischen Realität und deren philosophischen Wortführern Bäumler, Krieck, Rosenberg. Vor allem die fünfjährige Schaffenszeit von 1936 bis 1941 ist geprägt von der Auseinandersetzung mit Nietzsche, das heisst vom Versuch, dessen Stellung innerhalb der Seins- und Metaphysikgeschichte zu erarbeiten. Das 1961 erschienene, zweibändige Werk (*Nietzsche*) legt mit seinen über 1000 Seiten davon Zeugnis ab.

Auch in diesen beiden Bänden steht die Ausgangslage fest: "Die Geschichte ist Geschichte des Seins."[43] Das "eigentliche" Geschehen dieser Geschichte darf nicht als Abfolge und Zusammenwirken anthropologischer, ökonomischer, politischer etc. Prozesse rekonstruiert werden. Vielmehr ergibt es sich aus dem Mass der Seinsverlassenheit des Seienden, will heissen dass das " (...) Sein das Seiende ihm selbst überlässt und darin sich verweigert."[44]

---

philologischen Lage O. Pöggeler, *Der Denkweg Martin Heideggers*, Pfullingen 1983, pp. 340ff.

[42] Wir folgen hiermit nicht der eher wohlwollenden Auslegung, derzufolge Heidegger bereits in EM den Nationalsozialismus lediglich als Katalysator für den bevorstehenden seinsgeschichtlichen Paroxysmus (**Not**) betrachtet. Vgl. beispielsweise S. Vietta, *Heideggers Kritik am Nationalsozialismus und an der Technik*, Tübingen 1989.

[43] N II, p. 28

[44] ibd.

Die zunehmende **Seinsverlassenheit** ermittelt Heidegger wie üblich anhand seiner Metaphysikgeschichtsschreibung. Wiederum gilt es aufzudecken, was aus der Bewusstseins- bzw. Subjektphilosophie resultiert, nämlich ein isoliertes Subjekt, das erkennend und handelnd einer objektiven Ansammlung von Dingen und Ereignissen gegenübersteht. Die Erkenntnis- und Handlungsweise des neuzeitlichen Subjekts erschöpft sich gemäss Heidegger auf reine Bestandessicherung durch berechnenden Umgang mit wahrnehmbaren und manipulierbaren Gegenständen. Originell ist indes die unerwartete Position, die Heidegger Nietzsche seinsgeschichtlich zuweist. Nietzsche wird ja für gewöhnlich in seiner Rolle des visionären Diagnostikers der abendländischen fin-de-siècle-Lebensmüdigkeit als *Überwinder* der Metaphysik gehandelt. Historismus, Bigotterie, "Lebensfeindlichkeit", Darwinismus (und deren oberflächliche Destruktion) sind bei Nietzsche zusammengefasst im Begriff "Nihilismus", dessen Kurzbestimmung lautet: "Dass die obersten Werte sich entwerten. Es fehlt das Ziel; es fehlt die Antwort auf das 'Warum?'"[45] Die Not der europäischen Moderne soll durch die Selbstüberwindung des Nihilismus abgewendet werden, wofür die Namen "ewige Wiederkehr des Gleichen", "Übermensch" und "Wille zur Macht" stehen. An die Problemstellung des Nihilismus knüpft Heidegger vorerst so an: "Der Nihilismus *ist* Geschichte. Im Sinne Nietzsches macht er das Wesen der abendländischen Geschichte mit aus, weil er die Gesetzlichkeit der metaphysischen Grundstellungen und ihres Verhältnisses mitbestimmt. (...) Alles muss zuerst darauf hinzielen, den Nihilismus als Gesetzlichkeit der Geschichte zu erkennen."[46] Wie sieht nun bei Nietzsche die Genese des Nihilismus aus? Ein Fragment aus dem Zeitraum November 1887 bis März 1888, betreffend die Heraufkunft des Nihilismus als eines "psychologischen Zustands", gibt darüber Auskunft. Diesen Text hat seinerseits Heidegger zur Grundlage einer ausführlichen Interpretation gemacht.[47] Demnach stellt sich die Erfahrung des Nihilismus durch eine Art radikalisierte Aufklärung oder Entmythifizierung ein. Nachdem der Mensch allerhand Werte in das Dasein projiziert und eine überweltliche Ideenwelt errichtete, muss er einsehen, dass dies seine Luftschlösser sind und

---

[45] F. Nietzsche, *Kritische Studienausgabe* (Colli/Montinari), München 1980, Bd.12, p. 350
[46] N II, p. 28
[47] a.a.O. pp. 56ff. Es handelt sich um den Aphorismus *Kritik des Nihilism*, op. cit., Bd. 13., pp. 46ff.

auch die Kategorien Zweck, Einheit, Sein nur Spiegel seines Bewusstseins. Werden diese Kategorien vom Menschen "herausgezogen", "sieht die Welt wertlos aus..."[48] Damit zerfällt, was mit Platon seinen Anfang nahm: die Verleugnung der Sinnenwelt zugunsten eines ("hinterweltlerischen") erdichteten Schein- und Geisterreiches der Ideen. Der Clou der Heideggerschen Nietzscheinterpretation besteht in der seinsgeschichtlichen Einordnung als umgekehrten Platonismus. Wenn die platonisch-christliche Tradition den übersinnlichen Bereich als Quelle und Grund allen Seins setzt, so liegt in Heideggers Augen bei Nietzsches Überwindungsversuchen lediglich eine Umkehrung der metaphysischen Begriffshierarchien vor. Deshalb bedeuten "Leben", "Sinnlichkeit" oder "ästhetischer Schein" nur neue philosophische archai: "Soll diese Auslegung des Seienden im Ganzen aber nicht von einem zuvor 'über' ihm angesetzten Übersinnlichen aus erfolgen, dann können die neuen Werte und ihre Massgabe nur aus dem Seienden selbst geschöpft werden.(...) Wenn die Gründung der Wahrheit über das Seiende im Ganzen das Wesen der Metaphysik ausmacht, dann ist die Umwertung aller Werte als Gründung des Prinzips einer neuen Wertsetzung in sich Metaphysik. Als den Grundcharakter des Seienden im Ganzen erkennt und setzt Nietzsche das, was er den 'Willen zur Macht' nennt."[49] Schliesslich bleibt also Nietzsches Umwertung aller Werte im Banne genau des Platonismus, dem sie zu entfliehen suchte. Ihre Leistung besteht primär im Ersetzen der überlieferten metaphysischen Wahrheiten durch die Bezugnahme auf einen konkurrierenden Bereich sinnlicher Wahrheit. Mit Nietzsches Entscheidung, ein bestimmtes Seiendes zu privilegieren und zum konstituierenden Ausgangspunkt für das Verständnis des Seins "überhaupt" zu machen, fällt die Seinsfrage aus. Die unverwechselbare Eigentümlichkeit der Metaphysik besteht ja gemäss Heidegger darin, dass sie "das Seiende im Ganzen nach seinem Vorrang vor dem Sein"[50] denkt. Daher bedeutet Nietzsches Wille zur Macht die gebieterische Entfaltung des sich selbst setzenden und die Seiendheit "berechnenden" Subjekts der Neuzeit. Weit davon entfernt, als Bilderstürmer und Antichrist (qua Christentumsüberwinder) der Philosophie gelesen zu werden, mutiert Nietzsche ironi-

---

[48] cf. N II, p. 58; F. Nietzsche, op. cit. ,p. 48.
[49] N II, p. 36
[50] N I, p. 478

scherweise zum grössten Cartesianer, da in seinem Denken jedes Ding zum blossen Objekt subjektiver Beherrschung und Kontrolle werde: "Nietzsches Lehre, die alles, was ist und wie es ist, zum 'Eigentum und Erzeugnis des Menschen' macht, vollzieht nur die äusserste Entfaltung jener Lehre des Descartes, nach der alle Wahrheit auf die Selbstgewissheit des menschlichen Subjektes zurückgegründet wird."[51] Der Wille zur Macht (oder Wille zum Willen) stellt unter diesem Blickwinkel die Kulmination einer lange währenden Tradition dar und bedeutet die *Vollendung* der Metaphysik. Dies meint aber nicht etwa den Untergang metaphysischer Gedanken, sondern bezeichnet "den geschichtlichen Augenblick, in dem die Wesensmöglichkeiten der Metaphysik erschöpft sind."[52] Heidegger nimmt zwar das Weiterbestehen metaphysischer "Grundstellungen" an, doch nur anthropologisch "verrechnet", was zum "Übergang der Metaphysik in ihre letzte Gestalt: "Weltanschauung"[53] führe.

Damit wäre das seinsgeschichtliche Konzept des späten Heidegger fest umrissen. Nietzsches Philosophie des Willens gelangt in den Rang der massgeblichen metaphysischen Vorbereitung des gegenwärtigen Zeitalters. Der Versuch Nietzsches, den Nihilismus aus dem Prinzip des Willens zum Willen zu überwinden, beschliesst sich in der fraglosen Herrschaft der absoluten Subjektivität des Willenswesens.

Wie trostlos im einzelnen die von der unaufhaltsamen Wirkungsmacht des Willens zum Willen gezeichnete Wirklichkeit sich darbietet, beschreibt Heidegger eindrücklich in den Aufzeichnungen zur *Überwindung der Metaphysik*. Sie gehen auf die Jahre 1936 bis 1946 zurück und sollten 1954 in den *Vorträgen und Aufsätzen* publiziert werden. Jener Beitrag ist eine Hommage an Ernst Jüngers *Der Arbeiter* (1932). Neben Nietzsche wird Jünger in diesen Jahren *die* massgebende Figur, deren Einfluss in allen kulturpessimistischen und zivilisationskritischen Einschätzungen der Heideggerschen Spätphilosophie nachzuweisen ist. In *Überwindung der Metaphysik* liegt eine vorbehaltlose Übernahme der Jüngerschen gestalttheoretischen Charakterisierung des modernen Individuums als animal laborans vor: "Dass der Mensch als animal rationale, d.h. jetzt als das arbeitende Lebewesen die Wüste der Verwüstung der

---

[51] N II, p. 129
[52] a.a.O., p. 201
[53] a.a.O., p. 202

Erde durchirren muss, könnte ein Zeichen dafür sein, dass die Metaphysik aus dem Sein selbst und die Überwindung der Metaphysik als Verwindung des Seins sich ereignet."[54] Der Satz tönt an, dass sogar (besser: gerade) in den argen Zuständen der vom imperativen Willen durchdrungenen Jetztzeit Hoffnung schlummert. Denn die Überwindung der Metaphysik bedeutet das Ende des sich im vergegenständlichenden Schaffen erfüllenden cartesianisch-nietzscheanischen Subjekts. Und auch hier gilt: Ohne Not kein Preis. Das chiliastische Versprechen wird nur erfüllt, wenn "der Mensch der Metaphysik, das animal rationale, zum arbeitenden festgestellt"[55] wird, damit äusserste Seinsvergessenheit Einkehr halte. Die Geschichte als diejenige des Verfalls hinsichtlich des Bezugs zum Sein muss tragisch zu Ende gehen durch Verwüstung der Erde und Welteinsturz. Ist diese weltumspannende Katastrophe einmal geschehen, so "(...) ereignet sich in langer Zeit die jähe Weile des Anfangs."[56]

Zu den Folgen dieses seinsgeschichtlich inaugurierten Untergangs zählt Heidegger etwa die Weltkriege, die Einteilung in Über- und Untermenschentum, die Richtigkeit, welche als "unbedingte Sicherung" das Wahre verdrängt, politische, ethische und kulturelle Betätigungen qua "Betriebsamkeit", sowie die "Führer" in ihrer Rolle als Funktionäre der Gesamtplanung innerhalb der Grossorganisationen.[57]

Vergegenständlichte Natur und verdinglichte Gesellschaft tragen eine Sammelbezeichnung: "Die Grundform des Erscheinens, in der dann der Wille zum Willen im Ungeschichtlichen der Welt der vollendeten Metaphysik sich selber einrichtet und berechnet, kann bündig 'die Technik' heissen. Dabei umfasst dieser Name alle Bezirke des Seienden, die jeweils das Ganze des Seienden zurüsten: die vergegenständlichte Natur, die betriebene Kultur, die gemachte Politik und die übergebauten Ide-

---

[54] VA, p. 68
[55] ibd.
[56] a.a.O., p. 69
[57] a.a.O., pp. 84-92. Fern also die Zeiten, als Jüngers Visionen einer zukünftigen Arbeitswelt von Heidegger als wegweisende Alternative zur ermatteten bürgerlichen Alltäglichkeit begrüsst und u.a. in Lobpreisungen des "Arbeitsdienstes" umgesetzt wurden. Am deskriptiven Gehalt freilich hält Heidegger nach wie vor fest, nur deren evaluative Bedeutung modifiziert er. Die durchtechnisierte Wirklichkeit im Zeitalter völliger Seinsverlassenheit bildet neu qua Vollendung der Metaphysik die düstere Vorbedingung zu einer ursprünglicheren Beziehung zum Sein.

ale."⁵⁸ Die **Technik** wird somit zum Leitbegriff für die gegenwärtige Wirklichkeit, zumal Heidegger sie gleichsetzt mit der vollendeten Metaphysik, deren Geschichte bekanntlich die einzig bedeutsame ist. Mit der in der Technik sich ausprägenden Herrschaft des Willens zum Willen wird die Gegenwart in ihrer Totalität erfassbar. Diese monistische Integration aller Phänomene ergibt letztlich die Unmöglichkeit weiterer differenzierterer Bewertungen der Spannungen und Umbrüche, durch die hindurch und in denen der Wille zum Willen sich angeblich artikuliert. Deshalb wird alles und jedes zum gleichförmigen und gleichgültigen Einerlei, so dass in der Ära der rücksichtslosen Vernutzung des Seienden keine relevanten Unterscheidungsmerkmale für Krieg und Frieden mehr existieren. Politische Tendenzen und Erscheinungsarten sind verstrickt im globalen Kampf der Weltanschauungen, und dementsprechend müssen die mit den totalitären Führern Unzufriedenen sich den Vorwurf der Ignoranz gefallen lassen ("(...) die noch nicht wissen, was ist."⁵⁹)
Was bleibt als Handlungsanweisung oder Hoffnung in diesem Universum der ruhelosen Vernutzung, wenn jede vorweisbare Praxis von Beginn weg kompromittiert ist durch ihre Einbindung in die unablässige Organisation des Seienden? Antwort: "Kein Wandel kommt ohne vorausweisendes Geleit. Wie aber naht ein Geleit, wenn nicht das Ereignis sich lichtet, das rufend, brauchend das Menschenwesen er-äugnet, d.h. er-blickt und im Erblicken Sterbliche auf den Weg des denkenden, dichtenden Bauens bringt?"⁶⁰ Wenden wir uns diesem Satz zu.
Das **Ereignis** ist ein nach der Kehre regelmässig auftauchendes, kaum mehr hinterfragbares Grundwort.⁶¹ Als Hilfe in vorliegendem Kontext dürften die Stellen aus *Der Satz der Identität* (1957) nützlich sein, wo es heisst: "Denn im Er-eignis spricht die Möglichkeit an, dass es das blosse Walten des Ge-stells (des Wesens der Technik, d. Verf.) in ein anfänglicheres Ereignen verwindet. (...) Das Ereignis ist der in sich schwingende Bereich, durch den Mensch und Sein einander in ihrem

---

⁵⁸ VA, p. 76
⁵⁹ a.a.O., p. 89
⁶⁰ a.a.O., p. 95
⁶¹ In US wird ihm gar das Sein untergeordnet: "Es gibt nichts anderes, worauf das Ereignis noch zurückführt, woraus es gar erklärt weden könnte. Das Ereignen ist kein Ergebnis (Resultat) aus anderem, aber die Er-gebnis, deren reichendes Geben erst dergleichen wie ein 'Es gibt' gewährt, dessen auch noch "das Sein" bedarf, um als Anwesen in sein Eigenes zu gelangen. " (p. 258)

Wesen erreichen, ihr Wesendes gewinnen, indem sie jene Bestimmungen verlieren, die ihnen die Metaphysik geliehen hat."[62]

Dass die Menschen durchs Ereignis auf den Weg des "denkenden, dichtenden Bauens" gebracht werden sollen, erklärt sich mit der ausgezeichneten Stellung des Denkens und Dichtens innerhalb der Philosophie Heideggers nach der Kehre.[63] Analog zur Geschichte des Seins (und der Sprache) stellt Heidegger die Entwicklung des Denkens gleichsam als Verfallsprozess dar. Nachdem Heraklit und Parmenides Sein und Denken noch als zusammengehörig dachten (φύσις und λόγος, bzw. νοεῖν), degenerierte in der Folge das Denken zum blossen **Vorstellen** und Aussagen, wurde zur Domäne von Logik und Wissenschaft und schliesslich zum Instrument der Beherrschung und Berechnung alles Seienden. Demgegenüber ist es nun an der Zeit, diese "Missdeutung des Denkens" zu überwinden durch ein "echtes und ursprüngliches Denken"[64], welches, getreu dem "ursprünglichen Wesenszusammenhang des dichterischen und denkerischen Sagens"[65], den "Schritt zurück aus der Philosophie in das Denken des Seyns"[66] wagt.

Das **Sagen** (die **Sage**) heisst das Medium, das Denken und Dichten einander annähern lässt, und wodurch auch das "waltet", dessentwegen "die Sprache uns ihr Wesen zusagt."[67] Dies wiederum lässt sich verstehen im Zusammenhang der bisweilen mystische Züge tragenden und öfter an die Romantik erinnernden Heideggerschen Sprachphilosophie nach der Kehre, wo die Absolutsetzung von Sprache (der Hypertrophie des Seins entsprechend) in Prädikaten wie "Herrin des Menschen"[68] gipfelt.

---

[62] ID, p. 26
[63] Die Verwandtschaft von Dichten und Denken sowie deren Bezug zum Sein sind Motive, welche ebenfalls erstmals während der Periode um 1935 aufgegriffen (das umfangreichste Kapitel der *Einführung in die Metaphysik* ist dem Verhältnis von Sein und Denken gewidmet; vgl. auch *Der Ursprung des Kunstwerks* (1935), oder *Hölderlin und das Wesen der Dichtung* (1936) und bis zu den letzten Veröffentlichungen thematisiert werden (z. Bsp. *Das Ende der Philosophie und die Aufgabe des Denkens*, entstanden 1964).
Wie Heidegger das Bauen als Schonen, Hegen und Pflegen bzw. Wohnen, und letzteres als Grundzug des Seins auslegt, zeigt der Vortrag *Bauen Wohnen Denken* (1951) in: VA, pp. 139-156.
[64] EM, p. 93
[65] a.a.O., p. 126
[66] ED in: *Gesamtausgabe*, Bd.13, p. 82
[67] US, p. 196
[68] VA, p. 184 Unsere Bemerkungen besitzen natürlich nur den Status verständniserleichternder Hilfeleistungen und sind kleinste Seitenblicke auf die

Die Annahme, dass der Mensch denkend sich immer schon in einem unausgesprochenen Verhältnis zur Sprache befinde, und dass letztere "je schon" Wirklichkeit erschlossen habe, ist wohl ein attraktiver sprachphilosophischer Grundpfeiler, sie korreliert aber immer mit Heideggers unbändigen Bemühungen, der Sprache einen authentischen Ort ganz jenseits aller (auch zu «seiner» Zeit) bereits bestehenden analytischen oder linguistischen Auslegungen zuzuweisen. Egal, ob Sprache primär unter dem Aspekt von Verständigung und Mitteilung, von Äusserung und Ausdruck bestimmt, ob sie als Mittel zur Darstellung oder als System von Zeichen verstanden wird, der Rigorismus der Ablehnung bleibt der selbe.[69] So lässt sich dann unschwer folgern (auch hier: analog zur Selbstverbergung des Seins): "Die Sprache verweigert uns noch ihr Wesen."[70]

Allein, manche Dichter haben sich, Heideggersch ausgedrückt, dem metaphysisch-ästhetischen Vorstellen des Literaturbetriebs entzogen und wurden im wesenhaften Bezug zu Sein und Wahrheit befähigt, den Zuspruch der Sprache zu hören und entwerfend die Unverborgenheit des Seienden zu sagen. Letztgenannte Leistung vereinigt Dichter (allen voran Hölderlin, daneben insbesondere Rilke und Trakl) und Denker. Mit dem Aufzeigen etwaiger Unterschiede tut sich Heidegger schwer. Im Nachwort zu *Was ist Metaphysik?* steht: "Der Denker sagt das Sein. Der Dichter nennt das Heilige."[71], grundsätzlich gilt aber, dass "alles sinnende Denken ein Dichten, alle Dichtung ein Denken"[72] ist. Da die auserwählten Dichter in einem ausgezeichneten Bezug zur Sprache stehen, und diese die Erscheinung des Seins ist, rückt die Dichtung und ihre Bestimmung, das **Ins-Werk-Setzen des Seins**, ins Zentrum des exegetischen Interesses. Die ursprungsbetonten Momente treten dabei meist stark hervor, weil die zerstreuenden (Verfalls-) Tendenzen in der seinsgeschichtlichen Metaphysikgeschichte hinlänglich zum Zug kommen. Daraus folgt intern die relative Vernachlässigung seinseschatologischer

---

Sprachphilosophie, deren nähere Begutachtung in dieser Arbeit nicht vorgenommen wird.
69 vgl. HW, p. 59, WD, p. 87, VA, p. 220f., US, pp. 14ff., Hum, p. 16.
70 Hum, p. 9
71 WiM-N, p. 51 Wer der Bedeutung des "Heiligen" nachgehen will, ziehe die ersten Abschnitte aus *Wozu Dichter?* heran, in: HW, pp. 265ff.
72 US, p. 267

Positionsbestimmungen der jeweiligen Dichtungen und somit das Verschwinden historischer Bezugnahmen überhaupt.[73]
Wir sind nun in der Lage, den Stellenwert des dem fraglichen Zitat aus der *Überwindung der Metaphysik* entnommenen "denkenden, dichtenden Bauens" zu ermessen. Hier bleibt die Frage, wie Heidegger die "Sterblichen" typisiert, welche den "Ruf des Seins" erhören mögen und so dem übermächtigen Willen, der sich in der Technik einrichtet, nicht unterliegen müssen. Eine Gefolgschaft gegenüber diesen Auserlesenen geschähe jedenfalls nur auf entlegenen Pfaden, denn "die Hirten wohnen ausserhalb des Ödlandes der verwüsteten Erde (...)"[74] Es nehmen beim späten Heidegger in der Tat die an Bosch oder Brueghel gemahnenden (Vor-)Höllenvisionen der totalen Nutzbarmachung in ihrer Eindringlichkeit zusehends ab zugunsten von quietistisch anmutenden Zurückgezogenheitsmomenten. "Demut", "Besinnung", "Anklang", der Mensch als "Hüter" und "Hirt" des Seins, das sind Leitworte, durch die ein anderer Anfang angesprochen werden soll.[75] Heideggers Vorhaben, das Vokabular des vermeintlichen Berechnungs-, Macht- und Herrschaftsdenkens möglichst abzustülpen, führt geradewegs zum andächtigen Sprachgestus des Lassens, Hörens und Hütens.

Soviel zur chronologischen Einführung in den Seinsgeschichtsbegriff. Heideggers Darlegungen in *Überwindung der Metaphysik* enthalten in "ausgereifter" Form die wichtigsten Topoi der spätphilosophischen Seinsgeschichte.[76] Was betreffs dieses Feldes nach dem Krieg noch hinzukommt, sind vorwiegend Variationen, die das bereits bekannte Gefüge kaum ins Wanken bringen. Deswegen sei nun das bisher Ausgeführte

---

[73] Mit welchen Tücken sowohl diese programmatische Ahistorizität wie auch die ontologisierende Inanspruchnahme von Dichtern behaftet ist, zeigt Th. W. Adorno im Aufsatz *Parataxis*, in: *Noten zur Literatur*, Frankfurt a. M. 1974.
[74] VA, p. 91
[75] Der an Jean Beaufret gerichtete Brief *Über den Humanismus* (1947) ist dafür paradigmatisch.
[76] Auch wenn der Ausdruck "Spätphilosophie" bei Heidegger stets nur ein Notbehelf sein kann, weil darunter ungefähr die Arbeit des 40- bis 80-Jährigen fällt, erscheint es doch als sinnvoll, alle Schriften nach der Kehre unter einem Titel zusammenzufassen. Eine Zäsur wie nach 1930 hat es in dieser Deutlichkeit nie mehr gegeben. Heidegger selber scheint sich an der Unterteilung nicht sonderlich zu stören, schreibt er doch an William Richardson, dessen Klassifikationsweise (I, II) übernehmend: "Nur von dem unter I Gedachten her wird zunächst das unter II zu Denkende zugänglich. Aber I wird erst möglich, wenn es in II enthalten ist." W. J. Richardson, *Heidegger – Through Phenomenology to Thought*, Den Haag 1963, XXIII

um einen eher formal-synoptischen Teil bereichert, der unter Einbezug
späterer Publikationen Heideggers einige Aspekte der Seinsgeschichte
vertiefen soll.

2) Strategie der Kehre – Kehre der Strategie

Die Wechselbeziehung zwischen den Ereignissen während der nationalsozialistischen Diktatur einerseits und dem Wandel des Heideggerschen
Denkens andrerseits (mit den beispielhaften Antipoden Rektoratsrede -
Brief *Über den Humanismus*) ist unübersehbar. Die von 1933-1935 ent-
standenen Beiträge (Rektoratsrede, diverse "Aufrufe" sowie die *Einführung in die Metaphysik*) transformieren ja abrupt den in SZ erarbeite-
ten, mit fundamentalontologischen Termini umschriebenen Subjektbe-
griff, das heisst das Dasein, dessen Vereinzelung in der dezisionistischen
Leere der "eigentlichen" Seinsweise (*Entschlossenheit*) gründet, wo Inter-
subjektivität ein fremdes Wort bleiben muss. Die während der
genannten Periode erschienenen Veröffentlichungen torpedieren unwiderruflich den existenzialen Vorrang des individuellen Daseins von
SZ.[77] Das vormalige "je-meinige" Dasein wird nun zum Dasein des Volkes, die Seinsfrage wird mit Arbeits-, Wehr- und Wissensdienst in Ver-
bindung gebracht, die eigentlichen Seinsmöglichkeiten entsprechen neu
der nationalsozialistischen Machtübernahme und die Freiheit dem Füh-
rerwillen.
Mit dem Heranreifen der seinsgeschichtlichen Konzeption erfahren Heideggers Positionen abermals grundlegende Modifikationen. Die Kehre
bringt das andächtige, **besinnliche** Denken hervor, das nicht mehr danach trachten kann, die instrumentalisierte und instrumentalisierende
Vernunft zu bekämpfen oder zu verändern, da so nur dem Willen zum
Willen Tribut gezollt würde. Die der propositionalen Wahrheit
vorgängige Dimension der Unverborgenheit, in SZ noch abhängig vom
gewissenhaften Entwurf des Daseins, geht über auf ein anonymes, Un-
terwerfung heischendes Walten des Seinsgeschicks. Denkend soll dieses

---

[77] Dieser Vorrang zieht sich durch SZ, auch wenn dort schon das Geschick des Daseins ein "Geschehen der Gemeinschaft, des Volkes" ist. (p. 384) Der solcherart
bestimmte Begriff wäre also ein existenzialontologischer Vorläufer des späteren,
seinsgeschichtlichen **Seinsgeschicks**.

dem einzigartigen Dichterwort entbunden werden. Der Mensch wird Hirte und Hüter des Seins, er wohnt in der Sprache als dem Haus des Seins und lässt fürderhin gelassen und offen für das Geheimnis die Dinge sein. Diese Wandlungen beschreibt Jürgen Habermas 1953 folgendermassen: "So ist heute von Hut, von Andenken, von Ergeben die Rede immer dort, wo 1935 die Gewalttat gefordert wurde, während Heidegger noch acht Jahre vorher die quasi-religiöse Entscheidung der privaten, auf sich vereinzelten Existenz pries als die endliche Autonomie inmitten des Nichts der entgötterten Welt. Der Appell hat sich mindestens zweimal, entsprechend der politischen Situation, verfärbt, während die Denkfigur des Ausrufs zur Eigentlichkeit und der Polemik gegen die Verfallenheit stabil blieb."[78]

Es wäre freilich einäugig, externe Erklärungsaspekte wie den Einsatz an der Spitze der Freiburger Universität im Zeichen des nationalrevolutionären Umbruchs einzusetzen fürs gnadenlose Verdikt, Heidegger sei ein Naziphilosoph gewesen und habe sich später enttäuscht in einen unübersetzbaren Mystizismus geflüchtet. Dieses Urteil enthält wohl ein Körnchen Wahrheit, wird aber durch das Argument, eine interne Lektüre weise Heidegger zwangsläufig als Gegner des Nationalsozialismus aus, sogleich neutralisiert. Beide Positionen prallen unproduktiv aufeinander, weil ihnen eine jeweils völlig unterschiedliche Angehensweise und Sprache eignet. Der "Fall Heidegger" als Musterbeispiel kompromittierten Philosophierens erhitzt die Gemüter ganz besonders, und womöglich wird noch immer nirgends sonst auf so viel emotional geladene Literatur gestossen. Externe Begründungsversuche verfallen schnell grob-assoziativen Reduktionismen – apologetisches Nachbeten kommt gerne unter dem Deckmantel der gewissenhaften, rein internen Lektüre daher.

Eines steht fest: Interpreten, die ausgehend von biographischen Fakten Heideggers Philosophie von vornherein ablehnen, überlassen den Heideggerianern das Feld der textimmanenten Lektüre und setzen sich zudem dem Vorwurf des genetischen Fehlschlusses aus. Deshalb sind diejenigen Untersuchungen am ergiebigsten, welche sich sozusagen in einem Medium der multilateralen Auslegungsdynamik befinden, das vermittelnd zwischen Geistes- bzw. Zeitgeschichte und Text, nicht stur

---

[78] J. Habermas, *Philosophisch-politische Profile*, Frankfurt a. M. 1981, p. 70

kausal von der einen auf die andere Seite schliesst.[79] Voraussetzung dafür ist die Annahme, dass Philosophie (im gegebenen Fall: Ontologiegeschichte) jederzeit *auch* politisch ist und politische Inhalte ihrerseits philosophisch codifizierbar sind.

Die Weimarer Kultur- und Bildungsanstalten waren bekanntlich durchdrungen von modernitätsreaktiven Tendenzen verschiedenster Ausprägungen, deren Repräsentanten nur allzuoft mit moralischem Partikularismus, politischem Totalitarismus und sozialem Elitismus sympathisierten. Von Ernst Jünger bis Carl Schmitt, von der Jugendbewegung bis zum Tat-Kreis, von Ludwig Klages bis Oswald Spengler, vom George-Zirkel bis hin zur Lebensphilosophie diverser Provenienz reichte das Spektrum, welches als Sammelsurium der Reaktion auf moderne Entzweiung und die von aller Herkunft sich lösende Subjektivität betrachtet werden kann[80]. Ob also Heidegger ein Nazi war, ist als Frage unerheblich neben dem Problem, wann und wie damalige ideelle, soziale, politische Konstellationen in seinen philosophischen Diskurs hineingespielt haben.[81] Oder anders: Inwiefern leistete Heidegger durch seine Schriften einen fundamentalontologisch verfeinerten Beitrag zum geistigen Vorfeld, welches durch starke Affinitäten zur nationalsozialistischen Ideo-

---

[79] Sehr überzeugend ist dies Pierre Bourdieu mit *L'ontologie politique de Martin Heidegger*, Paris 1988, gelungen. Bourdieu geht speziell den Wörtern nach, die gerade im soziokulturellen oder politischen Kontext der Weimarer Republik bedeutungsträchtig sind und bei Heidegger "euphemisiert" auftauchen und so einen ambigen Wert erhalten. Methodologisch gilt für Bourdieu: "L'analyse adéquate se construit sur un double refus: elle récuse aussi bien la prétention du texte philosophique à l'autonomie absolue, et le refus corrélatif de toute référence externe, que la réduction directe du texte aux conditions les plus générales de sa production.(...) Il faut donc abandonner l'opposition entre la lecture politique et la lecture philosophique, et soumettre à une *lecture double* inséparablement politique et philosophique, des écrits définis fondamentalement par leur *ambiguïté*, c'est-à-dire par leur référence à deux espaces auxquels correspondent deux espaces mentaux." (p. 10)

[80] Diesen Intellektuellen wider willen ist das Standardwerk F. K. Ringers, *The Decline of the German Mandarins*, Cambridge Mass. 1969, gewidmet. Heute gilt als Spezialist in der Sparte Hauke Brunkhorst, u.a. mit *Der Intellektuelle im Land der Mandarine*, Frankfurt a. M. 1987.

[81] Bourdieus Formulierung trifft den Kern der Sache: "Ce qui ne veut pas dire que la pensée de Heidegger ne soit pas ce qu'elle est, un équivalent structural dans l'ordre "philosophique" de la "révolution conservatrice", dont le nazisme représente une autre manifestation, produite selon d'autres lois de formation, donc réellement inacceptable pour ceux qui ne pouvaient et ne peuvent la reconnaître que sous la forme sublimée que lui donne l'alchimie philosophique." op. cit., p. 118

logie diese zumindest hoffähig machte? Zu dieser Debatte wollen wir uns nicht detailliert äussern. Wie ertragreich sie sein kann (verbunden mit einer *Funktionsbestimmung* der Kehre) zeigt nur schon der Vergleich mit dem intellektuellen Werdegang eines Ernst Jünger. Der philosophierende Essayist gelangt von der totalen Mobilmachung des dem liberaldemokratischen Bürger antithetisch gegenübergestellten Arbeiters zum weltabgewandten *Waldgang* aus dem Jahre 1951 und erzielt so (innerhalb seines "Registers", versteht sich) eine frappierende Übereinstimmung mit dem "Denkweg" Heideggers.[82]

Zwei ebenso bedeutende wie evidente Punkte zur denkerischen Entwicklung Heideggers (Stellung vor/nach der Kehre) seien indes betont:

– Die bereits davor auffälligen Ambivalenzen der Philosophie Heideggers verwandeln sich von 1933 bis 1935 in eine völlig unkritische, affirmative Haltung, die das Einstehen für den Nationalsozialismus (oder mindestens für dessen "innere Wahrheit") unwiderruflich demonstriert. Nur die perfekte Beimischung existenzialer Kategorien zur zeitgemässen Sturm- und Kampf-Rhetorik verhindert das Absinken auf die Stufe des damals üblichen Glaubensbekenntnisses zu den Tugenden der nationalen Revolution. Die Wirkungsbeschreibung einer solchen Sprache ist, bezogen auf die Rektoratsrede, Karl Löwith treffend gelungen, wenn er sagt, dass "man am Ende des Vortrags nicht weiss, ob man Diels *Vorsokratiker* in die Hand nehmen soll oder mit der S.A. marschieren."[83] Durch die Inkompatibilitätserfahrungen mit der Gangart des Regimes sah sich Heidegger daraufhin gezwungen, neue, die Distanz zur genuinen NS-Universitätsphilosophie vergrössernde Ansätze zu erarbeiten, die gleichzeitig das eigene bisherige Projekt nicht verleugnen durften.

– Um aus dieser verfahrenen Situation herauszufinden, unternimmt Heidegger gewissermassen eine Flucht nach vorne. Er schmilzt den Gang der Dinge vollends ein in die hermetische Ein-

---

[82] Ähnliche Parallelitäten liessen sich beispielsweise bei Carl Schmitt und Gottfried Benn aufweisen.
[83] K.Löwith, *Mein Leben in Deutschland vor und nach 1933*, Frankfurt a. M. 1989, p. 33

heit und Gleichartigkeit des dem Willen zum Willen entspringenden Waltens. Gemeinsam mit dem Begriff des Gestells als des Technikwesens unterminiert der Wille zum Willen die subjektgebundene Sphäre von persönlicher Verantwortung und interpretatorischer Fehlerhaftigkeit. Werden alle Erscheinungen des Zeitalters als Ausdrucksformen des Seinsgeschicks im Modus der äussersten Seinsverlassenheit ausgelegt, so befindet sich Heidegger in der Lage, sein eigenes Engagement zum "objektiven", schicksalshaft sich enthüllenden Irrtum zu stilisieren. Der privilegierte Wahrheitszugang für den Denker ist, wie wir weiter oben sahen, ungefährdet. Vor allem aber kann Heidegger fortan nicht nur den Amerikanismus, Liberalismus, Positivismus, Psychologismus etc. als Symptome der allgemeinen Planung und Berechnung verurteilen, sondern wenn nötig auch den Faschismus. Dieser hat sich in seiner realen Ausprägung sogar als Steigerungsform dessen entpuppt, was er einst zu überwinden versprach: "Man meint, die Führer hätten von sich aus, in der blinden Raserei einer selbstischen Eigensucht, alles sich angemasst und nach ihrem Eigensinn sich ausgerichtet. In Wahrheit sind sie die notwendigen Folgen dessen, dass das Seiende in die Weise der Irrnis übergegangen ist, in der sich die Leere ausbreitet, die eine einzige Ordnung und Sicherung des Seienden verlangt."[84]

Demnach ist das Dezennium nach 1935 für das Gesamtwerk Heideggers von ausserordentlicher Bedeutung, weil geprägt von strategischen Absicherungsbestrebungen, die bereinigen sollten, was dem in Freiburg Lehrenden (nach theorieinterner Lesart) *widerfahren* ist. Da die Gedanken dem Menschen vom Sein zugedacht werden, muss folgerichtig auch das Denken von SZ bereits von diesem Geschick ereignet worden sein. Andersherum: Das Bedenken des Seinsgeschicks ist ein Bedenken des Grundes, aus dem SZ schon entsprang. Heidegger inszeniert die Kehre so, dass die Differenzen zum Vorherigen nicht als Bruch gedeutet werden sollen. Substantielle Unterschiede zwischen dem frühen und dem späten Denken erweisen sich als verschiedene Seiten des Einen und Selben, als Abschnitte eines Denkweges, den man "vorwärts und rückwärts

---

[84] VA, p. 89

gehen"[85] kann. Darin besteht der Sinn der Selbstinterpretation Heideggers.[86] Folgt die rein interne Lektüre der Auslegenden diesem ausgefeilten Zirkelkonstrukt, dann werden Deutungen wie die folgende natürlich wieder legitim: "Die Kehre ist die ausdrückliche Einkehr im eigenen Monadisierungsprinzip, die eine ausdrückliche Entfaltung des Gedankens aus seinem eigenen Grunde erst möglich macht. (...) Statt Heideggers Denken 'vor der Kehre' und das 'nach der Kehre' gegeneinander auszuspielen und damit gegeneinander zu verselbständigen, bestand die hermeneutische Aufgabe darin, das Denken 'vor der Kehre', d.h. im wesentlichen 'Sein und Zeit', ausdrücklich aus seinem in ihm noch verhüllten Grund, dem erst in den späteren Schriften enthüllten Da-Sein, auszulegen."[87]

Den mit solchen oder ähnlichen Konklusionen aufwartenden Autoren darf sicherlich hoch angerechnet werden, dass sie sich bemühen, Heideggers Zirkelstruktur bis in ihre letzten Implikationen zu verfolgen. Trotzdem ist es fraglich, ob eine beständig vom Selben zum Gleichen gelangende "Hermeneutik" einer umfassenden Angehensweise förderlich ist, die neben Hinweisen auf Gleichbleibendes eben auch die Darstellung der *problemgesteuerten* Theorieentwicklung (das heisst der unterschiedlichen Lösungsvorschläge für jeweils gleiche Probleme) unter Berücksichtigung textexterner Bereiche beinhalten sollte. Jungfräuliche Immanenz vermag auf die Dauer weder plausible Gründe für die Kehre, noch deren Funktion anzugeben.

3) Φύσις, λόγος und Seinsgeschick

Die Frage nach dem Sein hatte in der abendländischen Ontologie einen doppelten Charakter: Sie betraf entweder die Gesamtheit des Seienden oder hierarchisierend die pyramidale Abstufung des Seienden mit einem Ersten oder Höchsten an der Spitze. Das Sein selbst blieb in diesen ontotheologischen Systemen als Vergessenes und Verdrängtes zurück, was nicht ein Versäumnis der Metaphysik, sondern deren intrinsischer Zug

---

[85] US, p. 99
[86] Nachzulesen im Nachwort (1943) und der Einleitung (1949) zu *Was ist Metaphysik?*, im Brief *Über den Humanismus* (1947) und im Brief an W. J. Richardson (1962).
[87] P. Fürstenau, *Heidegger. Das Gefüge seines Denkens*, Frankfurt a. M. 1958, p. 168

ist. **Ontologisch** dachte die Metaphysik die Gründung des Seienden im Sein (als ἰδέα, Vorgestelltheit der Gegenstände, Wille zur Macht etc.). Platon wandte seine Aufmerksamkeit ab vom Widerspiel zwischen Verbergung und Unverborgenheit und schuf stattdessen die ἰδέα, welche das Erscheinende in seinem Aussehen (εἶδος) zugänglich und sichtbar macht. Die Idee, die es doch nur aufgrund der Un-verborgenheit gibt, schafft durch die Preisgabe des Bezugs zur Verborgenheit die wahrheitskonstituierende Hinsicht auf das erscheinende Seiende im Sinne einer **beständigen Anwesenheit**. Theologisch sucht darüberhinaus die Metaphysik ein in sich ruhendes, höchstes Seiendes (τὸ Θεῖον), das das stets anwesende Sein überhaupt ermöglicht.

Um die Herkunft des Logos zu erfahren, der sich die Physis als gegenüberstehende, stofflich vorhandene Natur zurichtet und einteilt, muss weiter zurückgegangen werden, denn: "Der Grundirrtum (...) besteht in der Meinung, der Anfang der Geschichte sei das Primitive und noch Zurückgebliebene, Unbeholfene und Schwache. In Wahrheit ist es umgekehrt. Der Anfang ist das Unheimlichste und Gewaltigste. Was nachkommt, ist nicht Entwicklung, sondern Verflachung als blosse Verbreiterung, ist Nichtinnehaltenkönnen des Anfangs (...)."[88] Das früheste griechische Denken ist aber nicht das "Gewaltigste", weil es historisch das erste ist, sondern weil es den Grund für das Wahrheitsgeschehen im Okzident unverfälscht enthält. Zwiesprache führen mit Heraklit, Parmenides und Anaximander heisst hinter die platonisch-aristotelischen Weichenstellungen zurückfragen, welche die metaphysischen Unterscheidungen zwischen Sein und Schein, Sein und Denken, Sein und Werden gebaren und die damit verbundene Einengung des Seins auf die stete Anwesenheit.

Heidegger versteht mithin die Früchte seiner Arbeit keineswegs als einen weiteren Beitrag zur Philosophiegeschichte im Rahmen der verachteten, angeblich in eingefahrenen Bahnen sich bewegenden universitären Praxis interpretativer Altphilologie. Der Anspruch ist ein viel höherer, denn die erwähnte Zwiesprache sucht nach Spuren des verlorengegangenen Seinsverständnisses qua Un-verborgenheit. Das Erhellen des vorsokratischen Seinsverständnisses (vornehmlich anhand des Begriffpaars φύσις - λόγος) ist ein Vordringen in die Wahrheit des Seins, das möglicherweise mithelfen kann, die im Laufe der Zeit

---
[88] EM, p. 119

auftretenden Modifikationen der Seinsauffassung zu erklären. Jede solche Modifikation ist ja das vom Sein geschickte Ereignis, welches das **Da-Sein** des **ek-sistierenden** Menschen durchwaltet.[89] Ob Heideggers Auslegungen dem vorsokratischen Vorstellungsfeld entsprechen, ist nebensächlich; einzig das Nachhören des Gedachten ist die Aufgabe, um Ungedachtes zur Sprache zu bringen.

Versuchen wir also, anschmiegsam "nachdichtend" zu resümieren, wie Heidegger sein Verständnis der vorsokratischen Begriffe φύσις und λόγος mit dem Seinsgeschick spielen lässt.

Was sagt die vorsokratische φύσις dem vernehmenden Denker? "Φύσις meint das aufgehende Walten und das von ihm durchwaltete Währen. In diesem aufgehend verweilenden Walten liegen 'Werden' sowohl wie 'Sein', im verengten Sinne des starren Verharrens, beschlossen. Φύσις ist das Ent-stehen, aus dem Verborgenen sich heraus- und dieses so erst in den Stand bringen."[90] Dieses sich entbergende Walten und Aufgehen verschliesst und verbirgt sich zugleich. Das Verbergen sichert dem Entbergen erst dessen Wesens- (im aktiven, verbalen Sinn) Möglichkeiten.

Den λόγος bei Heraklit versteht Heidegger als "ständige Sammlung, die in sich stehende Gesammeltheit des Seienden, d.h. das Sein."[91] Qua λεωγειν ist der λόγος lesende Lege, die (ebenfalls bergend-entbergend) alles An-wesende (Seiende) in sein Anwesen (Sein) vor- oder zurücklegt. Der φύσις wie dem λόγος eignet zugleich ein Entbergen und Verbergen. Der λόγος ist ein Vor- und Zurücklegen des Seienden in den Entstehungsgrund, welcher als φύσις das Anwesende in das Anwesen entbirgt und die Entborgenheit birgt im Geheimnis der Verborgenheit. Beide, φύσις

---

[89] Analog zu andern Grundbegriffen aus SZ wird nach dem Verschwinden aller subjektkonstituierenden Ansätze das Dasein zum Da-Sein. Die beiden einander gegenüberstellend, schreibt Heidegger im Humanismusbrief: "Das Dasein nichtet keineswegs, insofern der Mensch als Subjekt die Nichtung im Sinne der Abweisung vollzieht, sondern das Da-Sein nichtet, insofern es als das Wesen, worin der Mensch ek-sistiert, selbst zum Wesen des Seins gehört." (p. 50)
Durch die Wortbildung Ek-sistenz betont Heidegger das herausstellende Hinausgehaltensein des Menschen ins Seinsgeschehen: "Der Mensch ist vielmehr vom Sein selbst in die Wahrheit des Seins "geworfen", dass er, dergestalt ek-sistierend, die Wahrheit des Seins hüte, damit im Lichte des Seins das Seiende als das Seiende, das es ist, erscheine." a.a.O., p. 21f. Nur als immer schon Herausgestellter kann der Mensch das Herausstellen im Sinne von Erscheinenlassen vollbringen.

[90] EM, p. 11f.
[91] a.a.O., p. 100

und λόγος sind ein (ver-) sammelndes (Ent-) Bergen. So gilt: "Φύσις und λόγος sind dasselbe."[92] Weil überdies die ἀλήθεια gleichfalls aus der λήθη schöpft, Anwesendes der Verborgenheit entbirgt, kann auch von ihr die Selbigkeit mit dem λόγος ausgesagt werden.
Die aufgehende φύσις eröffnet Bestehendes, wenn dem Eröffnen ein Ort zugehört, in welchem es zum Stehen kommen und als Anwesendes ankommen kann. Dem Aufgehen entspricht ein Auffangen und Annehmen des Ankommenden: das vernehmende Denken. Dieses Denken ist aber nicht ein biologisch, psychologisch oder erkenntnistheoretisch erklärbares Vermögen des Menschen. Umgekehrt: "Vernehmung ist jenes Geschehnis, das den Menschen hat."[93] Das Vernehmen ist eingefügt in die Bewegung des Aufgehens und der Zurückbezogenheit des Aufgegangenen in die Verborgenheit.
Wahrheit als Unverborgenheit ist das Geschehen von Aufgang (φύσις) und Zurücklegen (λόγος), d.h. "nie ein nur vorhandener Zustand."[94] Die Unverborgenheit des Seienden ist somit nicht wie eine ständige, absolute Wahrheit repräsentierbar. Am ehesten lässt sich das Wahrheitsgeschehen dort vernehmen, wo die Bedeutung der Wörter noch schwebend und vielgestaltig ist und dem zufassenden (fest-stellenden) Griff möglichst entgleitet. Wo das Denken noch nicht zur wissenschaftlichen Terminologie geworden ist, kann das aus dem Aufgehen der φύσις gedachte Sein besser durchscheinen. So ist die griechische Frühe seinsgeschichtlich zu begreifen: "(...) griechisch ist die Frühe des Geschicks, als welche das Sein selbst im Seienden lichtet und ein Wesen des Menschen in Anspruch nimmt (...)."[95]
Wird eine offenkundige Wahrheit durch den Menschen begrifflich erfasst, dann nur aufgrund eines schickenden Gebens ("es gibt") des Seins. Das Sein ermöglicht Wahrheitsfestsetzungen und entzieht sich zugleich, da es niemals verfügbar gemacht werden kann. Menschliches Verstehen qua Entbergen meint sammelndes Festlegen in Begriff, Rede, Handlung,

---

[92] ibd.
[93] a.a.O., p. 108
[94] HW, p. 40
[95] a.a.O., p. 332 Die Lichtung ist eine Art transzendentale Öffnung, durch die Entbergung und Verbergung erst möglich werden. In *Der Ursprung des Kunstwerkes* erklärt Heidegger: "Inmitten des Seienden im Ganzen west eine offene Stelle. Eine Lichtung ist. Sie ist, vom Seienden her gedacht, seiender als das Seiende. Das Seiende kann als Seiendes nur sein, wenn es in das Gelichtete dieser Lichtung herein- und hinaussteht." HW, p. 38f.

wobei die wesenhafte Gegenwendigkeit von φύσις und λόγος dem Festhalten entgeht. Dieses Ausbleiben des Seins als solchen wird bezeichnet durch den ursprünglich stoischen, von Husserl wiederaufgenommenen und von Heidegger abermals mit anderer Bedeutung versehenen Term ἐποχή. Das Sein hält mit seiner Wahrheit an sich, es bleibt aus, verbirgt und entzieht sich.[96]

Das Sein räumt lichtend den Ort und die Art ein, wo und wie uns Seiendes erscheinen kann. Dazu gehört das Sichzuschicken und Sichentziehen. Das im Geschick Zugeschickte kann nur dank des Entzugs empfangen werden. Das Seinsgeschehen ist ein immerwährendes Anfangen, im Unterschied zum philosophisch Anfänglichen: "Der Beginn des abendländischen Denkens ist nicht das gleiche wie der Anfang, wohl aber ist er die Verhüllung des Anfangs und sogar eine unumgängliche."[97] Philosophiegeschichte ist Geschichte des Missverständnisses von Sein. Wenn der Anfang aus dem Seinsgeschehen verstanden werden soll, so muss er als Weise des Entzugs und somit "anfänglicher" als im historischen Sinn gedacht werden. Das Ansetzen bei frühen griechischen Fragmenten erhält seine Berechtigung daher, dass das Schicken der φύσις sich in eine reichhaltige Sprache schickt, deren Bestimmungen des Seienden die Grundlage der nachfolgenden Metaphysik bilden.

Woher rührt nun aber der metaphysische Einsturz der gegenwendigen Einheit von φύσις und λόγος, wie sie bei Heraklit und Parmenides noch als solche erfahren wurde?

Der Mensch ist ein Unheimlicher und Gewalttätiger. Ihm eignet das Hinausgestelltsein ins Unheimliche, er vollbringt das Abrücken vom Gewohnten und Geläufigen. Gewalttätig überschreitet er die Grenzen des gerade Nächsten und Üblichen, um das Überwältigende der aufgehenden φύσις in eine Gestalt zu bringen. Damit der Mensch denkend neue Grenzen schlagen kann, muss er sich dem Andrang des Aufgehens entgegenstellen. So hält er das Unverborgene fest und vermisst sich ständig dem Sein gegenüber: "Das Menschsein ist nach seinem geschichtlichen, Geschichte eröffnenden Wesen Logos, Sammlung und Vernehmung des Seins des Seienden: das Geschehnis jenes Unheimlichsten, dem durch die

---

[96] cf. z.Bsp. HW, p. 333, N II, p. 383, SG, pp. 98 u. 108f.
[97] WD, p. 98

Gewalttätigkeit das Überwältigende zur Erscheinung kommt und zum Stand gebracht wird."⁹⁸
Der Anfang der Geschichte ist insofern das Unheimlichste und Gewalttätigste, als der sammelnde λόγος in seinem Auffangen des Seins den Beginn des Geschicks bedeutet. Das λεωγειν bewirkt die Umgrenzung und Ständigkeit der Unverborgenheit und erhält so einen dem Verdecken und Verbergen entgegengesetzten Charakter. In diesem Charakter gründet das Wesen des λόγος als Sprache. Λόγος qua Sprache oder Vernunft (Verstand) ist keineswegs eine herausgepickte Eigenschaft des Menschen, die es ermöglicht, diesen klar von anderen Lebewesen zu unterscheiden. Vielmehr muss das Menschsein aus dem Verhältnis zum Seienden im Ganzen gedacht werden: "φύσις = λόγος ἄνθρωπον ἔχων das Sein, das überwältigende Erscheinen, ernötigt die Sammlung, die das Menschsein (acc.) innehat und gründet."⁹⁹
Mit der Gewalttat des λέγειν, das heisst dem Bewältigenwollen des Überwältigenden und Hervorbringen eines Bleibenden, liegt ein Auseinandertreten von φύσις und λόγος vor. Das bedeutet aber kein Heraustreten des λόγος, denn noch ist dieser nicht zurichtender Gebieter über das Seiende. Das Heraustreten geschieht erst mit der Philosophie Platons und deren Umdeutung der φύσις zur ἰδέα. Freilich ist die Auslegung der φύσις als ἰδέα oder εἶδος für sich nicht der eigentliche Abfall vom Anfang, weil darin vorerst nur das aufgehende Walten im Sinne von Erscheinen und Aussehen zum Ausdruck kommt. Die Wahrheit des Seins als Un-verborgenheit geht verloren, weil die ἰδέα sich als *einzige* und *bestimmende* Seinsauffassung durchsetzt. Diese Bestimmung ist Voraussetzung für die spätere metaphysische Reduktion des Seins auf ständige Anwesenheit. Der λόγος, zuvor noch eingebettet ins Geschehen der ἀλήθεια und ihr dienstbar, wandelt sich zur Wahrheitsinstanz, die in Form der Aussage über Wahrheit als Richtigkeit entscheidet. Von da an ist Ontologie primär Kategorienlehre (aussagen: κατηγορεῖν).
Parallel zum Wandel der φύσις zum λόγος verläuft ein ähnlich veranlagtes Geschehen. Der Mensch legt sich nämlich in der δόξα (Ansicht) fest, sagt sie aus und weiter. Die δόξα, als eine Art der ὁμοίωσις, unterläuft in Form von beliebigen, gewöhnlichen, herrschenden Ansichten die Möglichkeit des Seienden, von sich aus der Vernehmung sich zuzukeh-

---

⁹⁸ EM, p. 131
⁹⁹ a.a.O., p. 134

ren. So wird das Seiende durch die Herrschaft der Ansichten verkehrt und verdreht. Ein Kampf für die Unverborgenheit muss gefochten werden. Da er sich gegen das ψεῦδος, die Verkehrung und Verdrehung richtet, mutiert der Kampf für die Unverborgenheit zu demjenigen für das Unverdrehte. Dieser Kampf ist vom ψεῦδος gleichsam durchdrungen. Von da aus geht die Erfahrung der Wahrheit als ἀλήθεια verloren, denn das Unverdrehte erhält sich nur dann, wenn das Vernehmen ohne Umschweife sich nach dem Seienden richtet: "Der Weg zur Wahrheit als Richtigkeit ist offen."[100]

---

[100] a.a.O., p. 147

II) Technik

1) Die Frage nach der Technik

Das Problem der Technik und Technisierung stellt das Feld par excellence dar, welches Heidegger ermöglicht, nicht eingestandene Zivilisations- und Modernitätskritik seinsgeschichtlich zu sublimieren. Zur Aufschlüsselung dieser Technik-Ontologie sollte zweien Faktoren besondere Aufmerksamkeit geschenkt werden. "Diachron" gilt es, die Technik auf der seinsgeschichtlichen Ereignisachse zu situieren; "synchron" soll der Bestimmung des Technikwesens (Ge-stell) und der Wirkungsweise von Technik (Entbergung) nachgegangen werden. Weitgehend der letztgenannten Aufgabe ist Heideggers 1954 veröffentlichter Vortrag *Die Frage nach der Technik* gewidmet, mit dessen Hauptzügen sich die nächsten Zeilen beschäftigen:
Ausgehend von der Nicht-Identität von Technik und Wesen der Technik macht sich Heidegger an den Durchstoss durch die instrumental-anthropologische Definition der Technik. Der Auffassung, wonach Technik ein Produkt des menschlichen Tuns sei, das Mittel für Zwecke bereiten soll, wird zwar Richtigkeit attestiert, nur: "Damit wir zu diesem (dem Wesen der Technik, d. Verf.) oder wenigstens in seine Nähe gelangen, müssen wir durch das Richtige hindurch das Wahre suchen."[1] Das bedeutet, das Instrumentale der instrumentalen Bestimmung zu befragen. Überall aber, wo im Sinne der Instrumentalität Mittel für Zwecke gesucht werden, "waltet" die Ursächlichkeit.
So kommt die aristotelische Ursachenlehre ins Spiel, die, durch Heidegger resolut abgegrenzt von der angeblich defizienten römischen Kausalitätsauffassung, ausgelegt wird als Lehre der zusammengehörigen **Verschuldungs**weisen. Als Erläuterungsbeispiel dient die Silberschale. Sie schuldet, bzw. verdankt dem Silber das, woraus sie besteht ($\H{\upsilon}\lambda\eta$), zugleich ist sie verschuldet an das Aussehen, die Form ($\varepsilon\hat{\iota}\delta o\varsigma$) von Schalenhaftem, und als Opfergerät an den Zweck des Opferns, das heisst das Vollendende des Dings ($\tau\acute{\varepsilon}\lambda o\varsigma$), und schliesslich überlegt sich und versammelt der Silberschmied die drei genannten Weisen des Verschuldens

---

[1] VA, p. 11

(λέγειν). Wie sind nun diese vier Weisen des Verschuldens in ihrer Einheit zu fassen? Gemäss Heidegger bringen sie etwas ins Erscheinen, sie lassen etwas in das Anwesen ankommen. Das Verschulden hat füglich den Grundzug des "An-lassens in die Ankunft", so dass sich die neue Bezeichnung "Ver-an-lassen"[2] aufdrängt.
Das Ver-an-lassen verweist Heidegger in den Bereich der ποίησις, des **Her-vor-bringens**. Dieser weitgefasste Begriff meint hier sowohl das Schaffen der Natur, als auch die Arbeit des Handwerkers und Künstlers: "Das Her-vor-bringen bringt aus der Verborgenheit her in die Unverborgenheit vor."[3] Bewusster Vorgang ist demnach ein **Entbergen**, also gleichbedeutend mit der ἀλήθεια, da er ebenfalls Unverborgenheit gewährt. Mit der Entbergung und der ἀλήθεια sind wir bei den nicht mehr überbietbaren Oberbegriffen angelangt, welche die sukzessive Integration jeweils umfassenderer Begriffe abschliessen: "Was hat das Wesen der Technik mit dem Entbergen zu tun? Antwort: Alles. Denn im Entbergen gründet jedes Her-vor-bringen. Dieses aber versammelt in sich die vier Weisen der Veranlassung - die Kausalität - und durchwaltet sie. In ihren Bereich gehören Zweck und Mittel, gehört das Instrumentale. Dieses gilt als der Grundzug der Technik. (...) Die Technik ist also nicht bloss ein Mittel. Die Technik ist eine Weise des Entbergens."[4]

---

[2] a.a.O., p. 14 Wie so oft scheinen auch im vorliegenden Fall philosophiegeschichtliche Kanonbestände Heidegger nur noch als geeignetes vorgeschobenes Material zu dienen, um hineinzulesen, was eh schon vorgedacht ist. Das hypostasierte "Denken" entpuppt sich, je mehr es lyrisierend daherkommt und die verstehende Rekonstruktion ablehnt, als schwermütiger und gewalttätiger Monolog. Wie sonst ist es möglich, die bei Aristoteles unter dem Thema der αἰτία vorgenommene, diskursiv-kategorielle vierfache Ursachenaufteilung des Dings (eine Aufteilung, die etwa mit der ἀρχή nichts zu tun hat) mit dem Wortsinn des Verschuldens zu durchsetzen, und diese Deutung als griechisch zu verkaufen?

[3] a.a.O., p. 15. Heidegger gewinnt seine ποίησις-Auffassung durch die Übersetzung eines Satzes aus Platons *Symposion*. Dabei wird das ὄν mit "Anwesen" und das μὴ ὄν (üblicherweise: "Nichtseiendes") mit "Nicht-Anwesendes" wiedergegeben. Somit hat es Heidegger im Handumdrehen geschafft, sich wieder auf eigenen Pfaden zu bewegen. Platons *Symposion* bietet in der Tat keinen Anlass, die ποίησις so weit zu fassen. Vielmehr wird diese identisch genommen mit allen Werken der τέχναι, oder gar (wie bei Aristoteles) eingeschränkt auf Vers- und Tonwerke.
Ontologisch ist hier die Differenz zwischen Platon und Heidegger genau die zwischen dem μὴ ὄν und der Verborgenheit. Wo und wie war die Silberschale verborgen?

[4] VA, p. 16

Mit diesem Ergebnis wird nun nach der τέχνη gefragt. Heidegger gibt ihr die üblichen Bedeutungen (handwerkliches Tun und Können, schöne und hohe Künste), verweist dann aber auf die *Nikomachische Ethik*, um auch von der τέχνη die "Weise des ἀληθεύειν"[5] zu prädizieren. Die τέχνη entbirgt, im Gegensatz zur ἐπιστήμη, "(...) solches, was sich nicht selber her-vor-bringt und noch nicht vorliegt, was deshalb bald so, bald anders aussehen und ausfallen kann", also "Nichtnatürliches" und Veränderliches.[6]

Freilich genügt ein solcherart entwickelter τέχνη-Begriff laut Heidegger nicht den Anforderungen einer Beschreibung moderner Technikformen. Das Spezifische der neuzeitlichen Entbergungsweisen gegenüber herkömmlichen Hervorbringungsarten besteht in der **Herausforderung**, die die Natur auf den Status eines Energielieferanten herabsetzt. Die moderne Technik stellt an die Natur das Ansinnen, "(...) Energie zu liefern, die als solche herausgefördert und gespeichert werden kann."[7] Die Natur zeigt sich nur noch als bestellbarer **Bestand**, in den meisten Fällen als energetischer Rohstoff. Fortan bestimmt die Technik das Verhältnis des Menschen zu dem, was ist; sie wird (im Gegensatz zur Vorneuzeit) zur *alleinigen* Konstitutionsinstanz für das Verhältnis des Menschen zur Natur.[8] Nur vordergründig ist etwa das in den Fluss gestellte Wasserkraftwerk einfach eine moderne Version der in den Bach gebauten Wassermühle. Denn, die sich drehende Wassermühle bleibt, so Heidegger, dem fliessenden Wasser unmittelbar anheimgegeben, sie erschliesst keine Energien, um sie zu speichern. Ganz anders beim Wasserkraftwerk: In Wirklichkeit ist der Fluss ins Kraftwerk gestellt, nicht umgekehrt.

Natur ist ein **Bestelltes**, insofern sie durch das herausfordernde Entbergen erschlossen, umgeformt, gespeichert, verteilt, umgeschaltet wird. Die transformierte Natur west an in der Weise des Bestandes. Der Mensch selber ist ebenfalls eingeplant in dieses Gesamtgefüge, nicht als

---

5 a.a.O., p. 17
6 ibd. Allerdings ist die τέχνη bei Aristoteles wohl kaum darum eine Weise des ἀληθεύειν, des die Wahrheit Treffens, weil sie als Hervorbringen ebenfalls ein Entbergen wäre, sondern weil in ihr stets die eigentümliche Leistung des λόγος zur Geltung kommt.
7 a.a.O., p. 18
8 Eine nähere Beschreibung dieses Wandels enthält der Aufsatz *Das Ding* in den *Vorträgen und Aufsätzen*.

Bestand zwar, doch als gestellter Stellender, der der neuzeitlichen Unverborgenheitsart (das heisst dem Seinsgeschick) genauso unterliegt. Wie heisst nun das Geschick, welches die Entbergungsweisen moderner Technik erst ermöglicht? "Wir nennen jetzt jenen herausfordernden Anspruch, der den Menschen dahin versammelt, das Sichentbergende als Bestand zu bestellen – das **Gestell**."[9] Heidegger versteht den Begriff als Analogiebildung zu den zwei Beispielen "Gebirg" und "Gemüt", wobei das Präfix "Ge-" und die in dieser Konstruktion sich ergebende Umwandlung des Namens die Einheitsstiftung von mehreren Zusammengehörigen ausdrücken soll. Das Gestell ermöglicht und verbindet die Weisen des Stellens und Herausforderns. Die Frage nach der Bedingung der Möglichkeit aller herausfordernden Entbergung ergibt demnach als Resultat eine weitere Verabschiedung der überlieferten, anthropozentrischen Techniksicht, da der Mensch stets der Schickung des Ge-stells entspricht, die sowohl in der wissenschaftlichen Betrachtung wie in der "Praxis" wirkt und die Natur auf ein System entbindbarer Informationen und Energien reduziert.

Indem der Mensch dem herausfordernden Anspruch des Gestells entspricht, kann denn auch die Freiheit nicht vom Tun und Wollen des Einzelnen her verstanden werden. Im und durch den Menschen geschieht ja eine besondere Weise des Geschicks, die uns die unaufhaltsame Naturentbergung, einen spezifischen Wahrheitsbezug und damit auch "Freiheit" zuweist. Gemäss Heideggers Vorgaben ist Freiheit untrennbar verbunden mit dem Komplex **Geschick-Wahrheit**, und zwar insofern, als der Mensch frei werden kann, weil er "(...) in den Bereich des Geschicks gehört und so ein Hörender wird, nicht aber ein Höriger."[10] Dem Hörigen, der rastlos entbirgt und dem Entborgenen nachgeht, sind alle anderen Entbergungsarten verschlossen. Anders ergeht es dem Hörenden: "Wenn wir uns dem Wesen der Technik eigens öffnen, finden wir uns unverhofft in einen befreienden Anspruch genommen."[11] Das Hören des Freien ist das Denken des Seins als Entsprechen.

---

[9] VA, p. 23
[10] a.a.O., p. 28
[11] a.a.O., p. 29

2) Das Ge-stell als Endstufe der Metaphysik und die Hoffnung auf den anderen Anfang

Die Technik ist ein seinsgeschichtliches Geschick, das eine eigene Unverborgenheit hervorbringt und so den Horizont schafft, in welchem dem modernen Menschen Seiendes erscheint. Sie geht nicht nur etymologisch, sondern auch wesensgeschichtlich zurück auf die τέχνη, eine Weise der ἀλήθεια. Diesen frühgriechischen Bezugsbegriffen, in der Entsprechung zum damaligen Geschick **zugedachten** (nicht einfach erdachten), **gewesenen** (immer noch wirkenden) Denkfiguren fügt Heidegger im Zusatz zu **Der Ursprung des Kunstwerkes** (1956) einige weitere hinzu: "Das Ge-stell als Wesen der modernen Technik kommt vom griechisch erfahrenen Vorliegenlassen, λόγος, her, von der griechischen ποίησις und θέσις. Im Stellen des Ge-stells, d.h. jetzt: im Herausfordern in die Sicherstellung von allem, spricht der Anspruch der ratio reddenda, d.h. des λόγον διδόναι, so freilich, dass jetzt dieser Anspruch im Gestell die Herrschaft des Unbedingten übernimmt und das Vor-stellen aus dem griechischen Vernehmen zum Sicher- und Fest-stellen sich versammelt."[12]

Die θέσις wird hier als Gegensatz zur späteren Verfallform des λόγον διδόναι gedacht. Immer noch eingebunden im Spiel von Lichtung und Verborgenheit, übernimmt die θέσις eine ergänzende "aktive" Rolle innerhalb des Wahrheitsgeschehens. Sie ist ein Feststellen, das in das Anwesende vorliegenlässt (Heideggers Beispiele sind der Tempel und das Standbild) und somit das Geschehenlassen von Wahrheit nie verhindert. Demgegenüber sieht Heidegger das durch Platons Dialoge bekanntgewordene λόγον διδόναι als nahen Verwandten des späten Ge-stells. Platon bezeichnete damit die Bedingung eines gerechten Rede-und-Antwort-Stehens verschiedener Gesprächspartner. Einsichtige Gründe sollten von diesen abgegeben werden, um Beliebigkeit und Willkür vorgebrachter Thesen möglichst zu verhindern. Am jeweils zur Debatte stehenden Gesprächsgegenstand musste möglichst präzis gezeigt und nachgewiesen werden, woher er kommt und welches die Bedingungen sind, wenn der Begründungsprozess Erfolge vorweisen sollte.
Diese durch Platon eröffnete Angabe von Grund und Ursache steigert sich nun im Laufe der im Seinsgeschick beruhenden abendländischen

---

[12] HW, p. 69f.

Geschichte über das römische rationem reddere zum bedingungslosen Anspruch, der in der Neuzeit das Verhältnis des Menschen zum Seienden einschränkend festlegt.[13]

Auch das christliche Mittelalter bietet metaphysische Konfigurationen an, von denen sich das Ge-stell (im Sinne einer Wesensherkunft, versteht sich) ableiten lässt. Die onto-theologische Hierarchisierung aller Dinge führt durch die Einsetzung eines jenseitigen Absoluten zu einer Entweihung der Dinge, indem diese ihre Würde nicht per se, sondern einzig dank dieses gesetzten Höchsten haben. Der alleinige, über die Welt verfügende Schöpfergott des Christentums hinterlässt nach der neuzeitlichen Säkularisierung eine Leerstelle, die im Zeitalter des technischen Entbergens vom Menschen eingenommen wird. Ein weiterer Herkunftsstrang dieses Anthropozentrismus ist gemäss Heidegger die christliche Heilsgewissheit.[14] Ferner stellt die biblische Weltgestaltungsverpflichtung die Voraussetzung dar für das "historische Verrechnen" der modernen Geschichtswissenschaften: "Die Entstehung und die Allgültigkeit der historischen Wissenschaften (...) aber ist die späte Folge der 'Haltung', in der der Mensch verrechnend zur Geschichte sich verhält. Diese Haltung beginnt mit der Vorherrschaft des Christentums als einem Prinzip der Gestaltung der 'Welt'."[15]

Die entscheidende Anbahnung der neuzeitlichen, subjektzentrierten Vernunft drückt sich aber im Seinsverständnis Descartes' aus. Descartes leitet die Metaphysik der Subjektivität ein, indem er die Seinsbestimmungen klar auf die Seite des Erkennens übergehen lässt. Bis anhin ergab sich das Wahre durch Ausrichtung des Wissens oder Erkennens auf das Seiende *und umgekehrt*, so dass die Wahrheit Wahres des Seienden und für das Wissen war. Descartes lässt die gegenseitige Abhängigkeit zum Verschwinden bringen, um die Wahrheit eindeutig auf das Wissen zu verlagern, womit sie zur Gewissheit wird: "Der Beginn der neuzeitli-

---

[13] Was es mit dem Satz vom Grund (nihil est sine ratione) auf sich hat, erklärt Heidegger in der Vorlesungsschrift *Der Satz vom Grund* (1957). Dort ist von der "Incubationszeit" die Rede: "(...) zweitausenddreihundert Jahre für das Setzen dieses einfachen Satzes." (p. 15)
[14] cf. N II, p. 146. Eine Übersicht über den Beitrag der christlich geprägten Metaphysik zum modernen Subjekt liefert Wolfgang Schirmacher in: *Technik und Gelassenheit*, Freiburg 1983, pp. 172ff. Interessant auch Schirmachers Annäherung des amor Dei intellectualis Spinozas an Heideggers Begriff der Gelassenheit pp. 58ff.
[15] GB, p. 6

chen Metaphysik begreift das ens (das Seiende) als das verum (das Wahre) und deutet dieses als das certum (das Gewisse). Die Gewissheit des Vorstellens und seines Vorgestellten wird zur Seiendheit des Seienden."[16] Seiendes wird hier in den Stand gesetzt zur Möglichkeit, überhaupt Wissbares zu sein: es *ist* erst, sobald es vorgestellt wird. Somit geht es um ein Her-gestelltes, dessen Seinsmöglichkeit nicht über die ἰδέα oder das ἀγαθόν gedacht wird, sondern in der Selbstgewissheit des cogito sum, wobei der Frage nach dem sum gemäss Heidegger fatalerweise nicht weiter Rechnung getragen wird.[17]

Zeigte sich Wahrheit in der Scholastik im allgemeinen im Lichte des Verhältnisses vom Schöpfer zu seiner Kreatur, so muss die Abkehr von der Heilsordnung auch eine andere Sicherung der Wahrheit erzeugen. Bei Descartes kann der Wahrheit nur ausgehend vom menschlichen Denken selber begegnet werden. Die Festlegung eines fundamentum inconcussum in der menschlichen Selbstgewissheit ermöglicht erst Subjektivität und demnach die Verabschiedung der "heteronomen" Wahrheitssuche innerhalb einer göttlichen Ordnung. Diese Vergegenwärtigung des Seienden in der vor-stellenden Subjektivität bedeutet aber sowohl das Vorstellen eines Vorgestellten wie auch das Vorstellen des Vorstellens (des Aktes), was die Grundstruktur philosophischer Reflexion ergibt, die vom Aktzentrum "Ich" ausgeht und da wieder zusammenschmilzt. Dadurch entsteht ein neuer Horizont, der in Hegels akkurater Thematisierung und Ausarbeitung der Gleichung von Seinsstrukturen und Reflexionsstrukturen seinen "Höhepunkt" finden wird. Wohl beschränkt sich Subjektivität bei Hegel nicht auf Ichheit, doch überwindet dessen Phänomenologie laut Heidegger Descartes' Grundstellung keineswegs, da das Denken als Reflexion immer noch als das Sein gefasst wird. Deshalb kann Descartes als Inaugurator der Metaphysikvollendung gelten: "Die wesentlichen Verwandlungen der Grundstellung Descartes', die seit Leibniz im deutschen Denken erreicht wurden, überwinden diese Grundstellung keineswegs. Sie entfalten erst ihre metaphysische Tragweite und schaffen die Voraussetzungen des 19. Jahrhunderts, des noch dunkelsten aller bisherigen Jahrhunderte der Neuzeit. Sie verfestigen mittelbar die Grundstellung Descartes' in einer Form, durch die sie selbst fast unkenntlich, aber deshalb nicht weniger

---

[16] N II, p. 301
[17] cf. SZ, pp. 24 u. 46

wichtig sind. Mit Descartes beginnt die Vollendung der abendländischen Metaphysik. Weil aber eine solche Vollendung nur wieder als Metaphysik möglich ist, hat das neuzeitliche Denken seine eigene Grösse."[18]

Jede Bestimmung des menschlichen Wesens, die eine (häufig nur implizite) Auffassung vom Seienden beinhaltet und dabei das Denken des Seins unterlässt, ist für Heidegger ein Humanismus, der immer ein metaphysischer bleiben muss. Die Ausrichtung des Seienden auf die menschliche Selbstgewissheit des ego cogito macht nun Descartes zum neuzeitlichen Wegbereiter jeder Anthropologie: "Im Heraufkommen der Anthropologien feiert Descartes seinen höchsten Triumph."[19] Auf Dilthey gemünzt: "Eines freilich kann auch die Anthropologie nicht. Sie vermag es nicht, Descartes zu überwinden oder auch nur gegen ihn aufzustehen; denn wie soll jemals die Folge gegen den Grund angehen können, auf dem sie steht?"[20]

Die Annahme, das cogito sum sei eine Art philosophisches Analogon zum mathematischen Axiom, ein Obersatz also, aus dem in Anlehnung an mathematische Deduktionen die weiteren Ergebnisse geschlossen werden, akzeptiert Heidegger nur als formal richtig. Wichtig ist ihm eher, den Vorentschiedenheitscharakter des Prinzips offenzulegen, das heisst dasjenige zu erhellen, was es überhaupt ermöglicht, die Mathematik als Vorbild auf dem Weg zur Findung einer universalen Methode (Mathesis) anzuerkennen. Das cogito sum "sagt" die neue Bestimmung der Wahrheit und des Seins und "schickt" das künftige Denken auf den Weg des Mathematischen. Dies, weil als wahr nur noch gilt, was nach Massgabe der vorstellenden Subjektivität "zugestellt" und als evident sanktioniert wird: "Deshalb ist für die Sicherung der Wahrheit als Gewissheit in einem wesentlichen Sinne das Vor-gehen, das Im-voraus-sichern notwendig."[21] – "Deshalb ist auch nur jenes als Seiendes ausweisbar und feststellbar, dessen Bei-stellung eine solche Sicherung gewährt, nämlich jenes, was durch die mathematische und die auf 'Mathematik'

---

[18] HW, p. 97
[19] ibd.
[20] a.a.O., p. 98. Für Heidegger besteht ein irreduzibler Unterschied zwischen Descartes' und Protagoras' "Humanismen". Vgl. HW, pp. 100ff., sowie N II, pp. 168ff.
[21] N II, p. 170

gegründete Erkenntnis zugänglich wird."[22] Nicht die Applikation der Mathematik steht hier im Vordergrund, sondern was Heidegger das **Rechnen der Theorie des Wirklichen** nennt. Damit ist die Verabschiedung der Angewiesenheit des Denkens auf die Gegebenheit gemeint, die Differenz also zwischen antikem ἠποκείμενον (dem ständig Vorliegenden) und Descartes' subiectum. Letzteres ist im Gegensatz zum immer schon Vorliegenden ein sich selbst schaffendes Unterliegendes, das erst durch die reflektierte Einheit qua ratio zu einem ständigen wird, das das Seiende im ganzen in eine Objektwelt verwandelt, an die Massstäbe anzusetzen sind.

In diesem Sinne gilt Descartes als der Eröffner der neuzeitlichen Seinsgeschichtsepoche, die über mehrere weitere Stadien in Nietzsches Willen zum Willen (der vorletzten Stufe) und schliesslich im Ge-stell kulminiert, und deren Entwicklungstendenz die fortschreitende Einengung der Seinsauffassung und dadurch auch zunehmende Seinsvergessenheit ist. Der durchgehende Ansatz dieser Epoche ist die Subjektivität, welche gemäss Heidegger trotz der verschiedenen Erscheinungsformen nie wirklich verlassen wurde, und zwar weil gewisse ontologische Grundannahmen dieselben blieben: "Der subjektive Egoismus, für den, meist ohne sein Wissen, das Ich zuvor als Subjekt bestimmt ist, kann niedergeschlagen werden durch die Einreihung des Ichhaften in das Wir. Dadurch gewinnt die Subjektivität nur an Macht. Im planetarischen Imperialismus des technisch organisierten Menschen erreicht der Subjektivismus des Menschen seine höchste Spitze, von der er sich in die Ebene der organisierten Gleichförmigkeit niederlassen und dort sich einrichten wird. (...) Die neuzeitliche Freiheit der Subjektivität geht vollständig in der ihr gemässen Objektivität auf."[23]

---

22 a.a.O., p. 164
23 HW, p. 109. Eine dieser Descartesdeutung resolut widersprechende Lesart schlägt André Glucksmann in: *Descartes c'est la France* (sic!), Paris 1987, vor. Glucksmann verortet Descartes sowohl jenseits der humanistischen latinitas eines Cicero einerseits, als auch andrerseits der modernen (fortschrittsverheissenden oder desillusionierenden) Systemphilosophen und Meisterdenker. Ähnlich wie bei Camus soll den deutschen "maîtres penseurs", die die Technik entweder verklärten oder dämonisierten, ein französischer "bon sens" entgegengehalten werden, der eben gerade nicht die unbedingte Naturbeherrschung des animal rationale einleitet (pp. 199ff.). Dazu die überraschende, aber nicht minder bedenkenswerte, von Glucksmann zitierte These P. Guenancias: "Maîtrise et possession expriment plutôt l'impossibilité de comprendre une nature qui nous dépasse. Elles sont les palliatifs rendus nécessaires par cette im-

Das Zeitalter der Technik ist dasjenige der Metaphysikvollendung. Unter dem Geheiss des Gestells macht das rasende Entbergen die Dinge zu berechneten, funktionalisierten, vereinheitlichten Beständen. Liegt aber mit der modernen Technik nicht einfach eine Anwendung der im Laufe der Jahrhunderte akkumulierten formal- und naturwissenschaftlichen Kenntnisse vor? Diese Annahme ist im Rahmen der Seinsgeschichte nur ein weiteres Beispiel beschränkten historischen Rechnens. Auch das Verhältnis zwischen Wissenschaft und Technik soll neu gedacht werden. Das bestellende Verhalten durchdringt, so Heidegger, die exakten Wissenschaften, welche der Natur als einem berechenbaren Kräftezusammenhang nachstellen. Insbesondere die moderne Physik antizipiert seinsgeschichtlich das Wirken des Gestells: "Denn das herausfordernde Versammeln in das bestellende Entbergen waltet bereits in der Physik. Aber es kommt in ihr noch nicht eigens zum Vorschein."[24] Die Technik ist demzufolge historisch später und geschichtlich früher.

Die vom Gestell beherrschte Entbergung zerstört nicht nur den "Dingcharakter" des Seienden durch die vorstellend-planende Bestandsicherung.[25] Der Mensch seinerseits als gestellter Stellender begegnet nämlich nie mehr sich selbst, das heisst er ist gänzlich unfähig geworden, sich als Herausgeforderten wahrzunehmen. Er verfolgt unaufhörlich das Entborgene und ist dabei ausserstande, die trostlose Seinsvergessenheit als Verlassenheit zu empfinden. Die hermetische Fixierung auf das technische Entbergen verunmöglicht jede andere Entbergungsweise. Unter diesen Auspizien ergibt sich, dass aus dem Gestell die **höchste Gefahr** erwächst. Weil aber das Zeitalter der Technik und dessen grösstmögliche Seinsvergessenheit deckungsgleich ist mit der Metaphysikvollendung, bietet sich die Möglichkeit eines Neuanfangs, der einer **Verwindung** der Technikherrschaft entspräche. So kennzeichnet Heidegger das Wesen der Technik im Technikvortrag auch als "(Ge-)Währen"[26], das dem Menschen überhaupt das Vernehmen der Wahrheit erlauben soll, und als

---

    possible compréhension. (...) Seulement quelques dixaines de pages séparent le renoncement à changer l'ordre du monde de l'invitation à se rendre maître de la nature, ce qui nous oblige à comprendre ces deux célèbres formules ensemble ou pas du tout. (...) Le rationalisme cartésien nous amène plutôt à nous représenter l'ordre du monde comme un inévitable désordre (...); il est exactement le contraire d'un autoritarisme." (p. 285)
24 VA, p. 25
25 Zur Heideggerschen Notion des Dings vgl. *Das Ding* in: VA, pp. 157ff.
26 VA, pp. 35ff.

Kronzeuge für den hoffnungsträchtigen, eschatologischen Zug des Geschicks wird mehrfach Hölderlin aufgeboten, mit seinem Wort

Wo aber Gefahr ist, wächst
Das Rettende auch.[27]

Freilich kann es Heidegger auf keinen Fall darum gehen, durch ökologischen Humanismus oder eine Ethik die negativen Folgeerscheinungen von Technik lindern oder beheben zu wollen. Etwelche Forderungen nach einem vernünftigen, menschenfreundlichen Technikgebrauch würden ja den Rückfall ins anthropozentrisch-instrumentale Technikverständnis bedeuten. Solche Unterfangen unterstehen genauso der technisch geprägten Rationalität, die in ihrem Unvermögen, "das, was ist" zu denken, nur Halbheiten hervorzubringen vermag. Dergleichen ist nicht nur illusionär, sondern auch gefährlich: "Was den Menschen in seinem Wesen bedroht, ist die Willensmeinung, durch eine friedliche Entbindung, Umformung, Speicherung und Lenkung der Naturenergien könne der Mensch das Menschsein für alle erträglich und im ganzen glücklich machen. Aber der Friede dieses Friedlichen ist lediglich die ungestört währende Unrast der Raserei des vorsätzlich nur auf sich gestellten Sichdurchsetzens."[28]
Jeder ethische und rationale Annäherungsversuch an die Frage der Technik entspricht nie der geschicklichen Herausforderung des Gestells, und vermeint mithin die Gewähr und Gefahr nicht bedenken zu müssen, obwohl das Gestell doch allenthalben herrscht. Daher lebt der Mensch dieses Zeitalters in der Irrnis, die völlig ausweglos scheint in der "Mitternacht der Weltnacht", denn dann "(...) vermag die darbende Zeit sogar ihre Durft nicht mehr zu erfahren."[29]
Worauf dürfen wir hiernach noch hoffen? Fest steht nunmehr, dass alles davon abhängt, ob die rücksichtslose Entfaltung der Technik verwunden werden kann. Was wäre, wenn dies geschähe? "Das Einst der Frühe des Geschicks käme dann als das Einst zur Letze (ἔσχατον), d.h. zum Abschied des bislang verhüllten Geschicks des Seins."[30] Die Umkehr muss

---

[27] VA, p. 39, HW, p. 292
[28] HW, p. 290
[29] a.a.O., p. 266
[30] a.a.O., p. 323

erwartungsgemäss angebahnt werden vom Sein selber, das allerdings zu ihrer Vorbereitung das menschliche Denken braucht. Unklar bleibt, wann (wenn überhaupt) die Kehre eintritt, und ob nicht ein apokalyptischer Zusammenbruch der Zivilisation ein Ende bereitet.[31] Sollte das Ereignis der Umkehr stattfinden, so wird das Sein ein besinnliches Denken in Anspruch nehmen müssen, das nicht etwas aktiv verändern wollen darf, sondern "lediglich" **offen für das Geheimnis** (das heisst für die Verborgenheit der technischen Welt) zu sein hat.[32] Dieses genügsame Denken der Offenheit lehnt das mit "Warum?" eingeleitete Fragen ab und setzt an dessen Stelle ein friedvolles "Weil", das seinen Grund in sich tragen soll: "Wann immer wir den Gründen des Seienden nachstellen, dann fragen wir: warum? Dieses Fragewort jagt das Vorstellen von einem Grund zum anderen."[33] Dem "Weil" hingegen haftet ein hinnehmender Gestus an, der die Unwiderruflichkeit des Seinsgeschicks abermals bestätigt und so völlig sich einfügt in die fortan einzige gültige Denkhaltung der **Gelassenheit**. Das vernehmende, gelassene Denken nimmt alle intentionalen Einstellungen zurück, um Dinge und Verhältnisse grundsätzlich sein zu lassen. Die Unentbehrlichkeit technischer Instrumente wird konzediert, doch gehen diese die Gelassenen im "Innersten und Eigentlichen"[34] nichts an. Der schmale Pfad zur Gelassenheit ist sichtlich gesät mit schier unlösbaren Paradoxien: Da wird aufgerufen zu einem Denken über das Wesen des Menschen unter gleichzeitigem Absehen vom Menschen; der Wille soll "willentlich" ausgeschaltet werden, das heisst der zur Gelassenheit nötige Wille wird im Sicheinlassen angeblich ausgelöscht; die Gelassenheit als Erwartungshaltung wird jenseits der Unterscheidung in Aktivität und Passivität angesiedelt. –

---

[31] vgl. etwa VA, p. 32, ID, p. 65, SD, p. 67
[32] cf. Gel, p. 24f.
[33] SG, p. 206f.
[34] Gel, p. 22. Darüberhinaus ist in derselben Schrift die Rede von der **Gegend**, die den Horizont und die Transzendenz erst das sein lässt, was sie sind. Die Gegend wird beschrieben als unverfügbare **Weite**, die **Weile** und **Nähe** schafft. Ein Denken wäre gelassen, sobald es sich jenseits des Vorstellens einlässt auf die öffnende Versammlung der Gegend (**Gegnet**).
Es handelt sich hier gewissermassen um die späte, esoterisch anmutende Auseinandersetzung mit Husserl.

"Wir sollen nichts tun sondern warten."[35] Das Einfachste scheint – wie so oft bei Heidegger - gleichzeitig das Schwierigste zu sein...

---

[35] a.a.O., p. 35. Der mystische Charakter dieser "Ethik" ist nicht abzuweisen. Zur Beschäftigung Heideggers mit der Mystik vgl. SG, *Fünfte Stunde*.
Heideggers Ausarbeitung weiterer Titel, die im Rahmen der Fortführung seiner Spätphilosophie erfolgte (**Heimat, Geviert, Seyn, Ortschaft** etc.), wird hier nicht mehr gesondert präsentiert.

III) Kritische Nachträge

Sein

Die ontologische Differenz ist neben der Seinsgeschichte Hauptthema des späten Heidegger. Am Anfang steht die variantenreich vorgeführte Belehrung, dass das Sein weiter sei denn das Seiende und dem Menschen sowohl das Nächste wie das Fernste. Ist dies Pulver einmal verschossen, verschiebt sich das Interesse auf die Differenz selber und deren Wirkursachen. Wo die Differenz nicht eh das Sein selber ist, schiebt Heidegger nach Bedarf Grundworte nach (**Austrag, Unter-schied, Ereignis**), die für das Differenzierungsgeschehen haften. Daraus resultiert ein schwindelerregender Regress differenzierungsermächtigter Instanzen. Diese treten ohne klar erkennbare Hierarchie auf, das heisst meistens im Bunde und versehen mit vagen Relationen untereinander, so dass das angeprangerte Grundübel traditioneller Metaphysik verhindert, gleichzeitig die Weihe des Primordialen dennoch gewahrt wird.
Aufs Nennen und Kombinieren immer substantiellerer Namen für die stipulierte Differenz läuft eine Philosophie hinaus, die das Subjekt längst vertrieben und ein vernehmendes Denken des Seins auf ihr Banner geschrieben hat. Die Schrumpfung des Seins aufs Minimum der Sichselbstgleichheit ist der Preis, den Heidegger für die totale Abkoppelung des Seins vom Seienden zahlt. Einzig ontologische Kabbalistik bleibt übrig, wo Sinnesdata und Begriffe eliminiert wurden. Durch die Ablehnung subjektiver Erkenntnisleistungen verschwand der Begriff, mit der Notwendigkeit eines von allen empirischen Zügen gereinigten Seins (Radikalisierung der phänomenologischen Tradition) das Seiende. Liesse sich Heidegger auf eine der beiden Seiten allzusehr ein, hätte er sogleich eine Dialektik von Subjekt und Objekt zu entwickeln. Die gelassene Seinsempfängnis stützt sich stattdessen auf eine Art nicht-spontane Unmittelbarkeit. Je mehr das Sein, die ontologische Differenz, das vernehmende Denken einen opaken Charakter erhalten, desto mehr bewegt sich diese Philosophie in Richtung unanfechtbarer Esoterik. Ewige Verlautbarungen des Selben und inhaltliche Leere, seit jeher Voraussetzungen für die Falsifizierungsunmöglichkeit eines apodiktischen Diskurses, hält Heidegger für unfehlbare Indizien denkerischer Noblesse. Daher die

Vorliebe für parmenidesche Ungeschiedenheit und die fast religiöse Würdigung des Fragens, das authentischer ist, wenn es einer Antwort entbehrt.
Was Heidegger nicht zu stören scheint, ist die Tendenz zur Verdinglichung des krass autonomisierten Seins. Wird Sein bar aller ontischen Spuren intuitionistisch gesetzt, so ist es eine unbedingte, fertige Sache ohne vorher noch nachher. Die ätherische Verzeitlichung dieses Seins übernimmt nachträglich die Figur des Seinsgeschicks, des fleischlosen Führers durch die Weltepochen also, dem die Menschen umso hörendhöriger sich fügen, als sie aufhören Historie zu betreiben.

Technik

"Man erblickt keinen Wasserfall mehr, ohne ihn in Gedanken in elektrische Kraft umzuwandeln. Man sieht kein Land voll weidender Herden, ohne an die Auswertung ihres Fleischbestandes zu denken, kein schönes altes Handwerk einer urwüchsigen Bevölkerung ohne den Wunsch, es durch ein modernes technisches Verfahren zu ersetzen."[1] Dieser Satz Spenglers genügt vollauf, um die Nähe des "rasenden Entbergens" Heideggers zur deutschen Kulturkritik (v.a. der Weimarer Zeit) anzudeuten. Die Exponenten der Frankfurter Kritischen Theorie wie auch die "konservativen", eher skeptisch-resignativ gestimmten Vertreter aus Soziologie und Kulturanthropologie (Freyer, Gehlen, Schelsky) sind sich darin einig, dass die Technik den Menschen heimatlos mache, ihm seine Persönlichkeit nehme und nur noch Funktionen zuweise, und dass sie zu mörderischem Raubbau an der Natur führe. Dieser Diagnose soll hier auch grundsätzlich nicht widersprochen werden. Die Eigenheit der Heideggerschen Techniksicht besteht ja in der Einbettung obiger Grundannahmen in die Seinsgeschichte. Inwiefern der Bezug des modernen Individuums zum Seienden primär auf ein rasendes Entbergen hinausläuft, ist gemäss Heidegger letztlich nur (meta-) ontologiegeschichtlich zu verstehen. Seinen Befund als epigonale Form des bereits von Klages beschworenen Untergangs der Seele zu sehen, wäre dem dichtenden Denker ein Greuel.

---

[1] O. Spengler, *Der Mensch und die Technik*, München 1931, p. 79

So aber entsteht Heideggers Ambiguität: Kulturpessimismus betreiben und ihn hinterher wieder zurücknehmen, moderne Zivilisationsphänomene anprangern, aber seinsgeschichtlich fein gesiebt. Es herrscht Emphase, die sich nicht exponiert, so dass dem Verdikt des nostalgischen Reflexes entgangen werden kann. "Zunächst ist zu sagen, dass ich nicht gegen die Technik bin."[2] Das stimmt: Eher trifft wohl zu, dass Heidegger *mit* der Technik *gegen* sie ist. Die seinsgeschichtliche Mission des Gestells (die nur hingenommen werden kann) und die pejorativen Prädikationen, mit denen die Technik versehen wird, halten sich gegenseitig die Waage.

Nun sollen die Mängel des "neutralen" Modells der Technik als eines Instruments keineswegs bestritten werden. Nur verhält es sich bei Heideggers Erhebung des Technikwesens zum Seinsgeschick wie bei jeder schlechten Abstraktion: Alles wird erklärt und somit nichts. Die Ablehnung einer Ratio, die nur noch Bestehendes wiederholen und vorgelegte Muster applizieren kann, ist berechtigt. Sie muss aber unbedingt davor gefeit sein, sich hierarchisch in einem Höchsten einzurichten und aufs derivierte Ontische hinabzuschauen, will sie dieses nicht belassen, wie es eh schon ist. Auf dieses Ergebnis der "Seinslehre" hat Adorno wiederholt hingewiesen: "Sie setzt sich ihrem Widerpart entgegen, behaftet mit denselben Mängeln arbeitsteiligen Bewusstseins, als deren Kur sie sich gebärdet."[3]

Dass die überbordende Technisierung in der Neuzeit verschuldet sei durch eine invariante, destruktive Beziehung zur Natur, die uns das metaontologische Seinsgeschick des Gestells schickt, ist so einseitig wie das Psychologem, zunehmende Geldgier verursache das gesellschaftliche Elend des Kapitalismus. Heidegger würdigt die Wirkungsmacht einstiger denkerischer Konfigurationen (Gewesenheit statt Vergangenheit), sieht in ihnen jedoch in erster Linie den bedeutendsten Niederschlag zunehmender Einengung. Dabei werden philosophiegeschichtliche Stadien fälschlicherweise auch zu Marksteinen, die die unaufhaltsame Zurichtung der Natur bedeuten und den Weg zur Finsternis der technischen Weltbemächtigung säumen. Völlig unterschlagen wird so die Frage, inwiefern gerade das Rasende der Industrialisierung erst andere Formen des Naturverständnisses hervorbrachte.

---

[2] *Martin Heidegger im Gespräch*, Pfullingen 1988, p. 25
[3] Th. W. Adorno, *Negative Dialektik*, Frankfurt a. M. 1975, p. 81

Sprache

Je mehr Heidegger sich von den Grundstellungen aus SZ wegbewegte und die Seinsgeschichte ausarbeitete, desto weniger konnten die postulierten höheren Gewissheiten plausibilisiert werden. Die Spätphilosophie bedeutet die Ineinssetzung des Seinsereignisses mit Wahrheit zuungunsten der früheren Freilegung der Wahrheitsfrage am Leitfaden eines lebensweltlichen Zusammenhangs von daseinsanalytischem "Subjekt" und dessen Seinsbezug. Hatte die Sprache in SZ ihren Ort in einer fundamentalontologisch bestimmten "Praxis", so steigt sie später auf zur praxisermöglichenden Instanz, in der sich gar das gebieterische Sein seine Wohnung einrichten darf. Die vordem transzendentale Vorgängigkeit des Seins wird nun gleichsam zur realen, deren Wirklichkeit die Sprache durch sich selbst auszusprechen hat. Tatsächlich gelangt Heidegger zu einer Form der Sprachimmanenz, die zum Teil mit der Benjaminschen konvergiert und die Aufgabe übernimmt, die nur noch appellativisch zugängliche Wahrheitsergründung zu legitimieren. Der Wert der Heideggerschen Sprachauffassung kann durchaus als Korrektiv zu verschiedenen szientifischen Konzeptionen gewürdigt werden, die schon Benjamin als bürgerlich brandmarkte, da sie jeweils *eine* Sprachfunktion in den Vordergrund rücken und zur entscheidenden erklären. Heidegger kann also die gerechtfertigte Ablehnung des repräsentationslogischen Sprachmodells für sich verbuchen. Freilich fragt sich, wie fruchtbar seine eigene Sicht von Sprache darüberhinaus ist. Nebst den Invektiven gegen die seinsverlassenen Sprachreduktionismen liegt nämlich offenbar kein grösserer Ertrag vor als folgender: Die Sprache spricht etwas aus, was nicht dem Inhalt gleichkommt, nämlich Sprache (oder Sprachlichkeit).

Taktisch ist der hierarchische Aufstieg der Sprache von einleuchtender Bedeutung. Da die profanen ontischen Bezugnahmen offiziell nach wie vor vermieden werden sollen, übernimmt der verklärte Sprachbegriff die Stellvertreteraufgabe für unzählige Argumentations- und Narrationsschritte. So kann sich Heidegger über die Explikation seinsgeschichtsadäquater Vorgangsweisen (methodischer oder semantischer Art) hinwegsetzen mit dem Hinweis, die Sprache selber spreche oder denke, was nicht mehr weiter erklärt werden könne. Auf diese Art entsteht der Anschein einer Idealität des Sichzeigenden. Durch das Gewährenlassen der Sprache soll ohne Anleihen bei Soziologie, Anthropologie, Historie oder anderen abkünftigen Wissenszweigen die Wahrheit des Seins sich allein über das vernehmende, dichtende Denken einstellen: "Doch welches Gedicht soll zu uns sprechen? Hier bleibt uns nur eine Wahl, die jedoch vor blosser Willkür geschützt ist. Wodurch? Durch das, was uns schon als das Wesende der Sprache zugedacht ist, falls wir dem Wesen *der Sprache* nachdenken."[4] Die Rückweisung reduktionistischer Sprachtheorien gebiert nicht etwa Freiräume, sondern endet in der devoten Anrufung des souveränen sprachlichen Waltens. Somit schafft Heidegger das, was er doch ständig perhorresziert, nämlich selbsttragende Grundprinzipien. Was freilich hinter der vorgeblich geduldigen Erwartungshaltung gegenüber der Sprache sich versteckt, sind die seinsphilosophischen Intentionen selber. Die Selbsteinschätzung der besonderen Sensibilität für das "hörende Vernehmen" zwecks Hervorbringung der eigentlichen Wortbedeutungen entpuppt sich als Instrumentalisierung sprachlicher Bestände, auf dass die Sprache immerzu auf Sein verweise und umgekehrt. Dieses Vorgehen entbehrt manchmal nicht ganz einer gewissen Komik. Heidegger erinnert gelegentlich an die Anekdote desjenigen, der beschlossen hatte, eine Fremdsprache zu lernen, indem er jedes Wort so lange fixierte, bis sich ihm dessen Bedeutung offenbarte. Auch wo unter Aufbietung von Dialekt- und Althochdeutschkenntnissen semantische Polyvalenz hervorgebracht wird, geschieht es einzig, um diese erneut einzuengen in das Korsett des Seins und weiterer Grundworte, die in den üblichen Formulierungen stets wiederkehren.

Der Primat der Sprache will die Authentizität dessen, was allenfalls vom Sein ausgesagt wird, garantieren. Die an negative Theologie gemahnende Reinigung des Seins von jeder kulturellen und historischen Determination geschieht unter Zurücknahme von Reflexion. Das Spannungsfeld etwa zwischen der Anerkennung sprachlicher "Ereignishaftigkeit" einerseits und der Freiheit des Sprechenden andrerseits wurde von Heidegger kaum seriös erörtert. Die durch reflexive Kraft verursachten Risse sind aber durch den emphatischen Verzicht auf jene nicht wieder zu kitten.

---

[4] US, p. 16

Tautologie

"Doch das Sein – was ist das Sein? Es ist Es selbst."[5] Der einzige Weg, das von allen Bestimmungen geläuterte Sein vor der Aporie zu retten, besteht in anrufender Apodiktik. Wird die Irreduzibilität von Sein einmal so weit getrieben, dass es nicht mehr von einem Dasein abhängt, so kann es fast unmöglich noch gedacht werden. Umso emsiger macht Heidegger sich daran, es zu *nennen*, wie wenn diese Nennungen – gleichsam aus der Feder geschossen – Unmittelbarkeit herstellen würden. "Dingend sind die Dinge Dinge."[6] Auch die Dinge erhalten ihr Eigenrecht zurück und sind identisch mit sich selbst. Worüber wenig bis gar nichts gesagt werden kann, weil es bis zur Auflösung sublimiert wurde, gerät unter die Fittiche tautologischer Scheinreanimation. Überzeitliche, urdeutsche Menetekel, so scheint es, haben der allenthalben herrschenden Irrnis die Wende des Seinsgeschicks abzuringen. Wo aber gleichbleibende Invokationen als ultimative Bürgschaft für Tiefe gelten, da ist der Versuch, Denken wieder auf einem herrschaftlichen Thron einzurichten, wohl unterwegs zur Kapitulation.

Etymologismus

Nicht selten hat Heidegger die Wesensverwandtschaft deutscher und griechischer Sprache betont und mit Wortbeispielen belegt. Unter allen anderen Sprachen zeichneten sich diese beiden dadurch aus, dass sie nicht metaphysisch denken, sondern *die Metaphysik zu denken* imstande seien. Hingegen lasse sich die zunehmende Seinsvergessenheit durchgehend ablesen an der römischen Übersetzung griechischer Grundwörter. Diese Übersetzung überliefert mithin den eingeengten, bereits auf Aufteilung, Berechnung und Planung abstellenden Charakter des römischen "Daseins", dem später die Rationalität der Romania entsprechen sollte.[7]

---

[5] Hum, p. 22
[6] US, p. 22
[7] Im **Spiegel**-Interview versichert Heidegger, die Franzosen würden deutsch sprechen, wenn sie denken wollten: "Weil sie sehen, dass sie mit ihrer ganzen Rationalität nicht mehr durchkommen (...)." IG, p. 108

Heideggers Urteile über die Latinität zeigen starke Gemeinsamkeiten mit denjenigen Fichtes in der vierten *Rede an die Deutsche Nation* (1808). Fichte sieht das Deutsche als geistige, lebendige Sprache, "(...) die von dem ersten Laute an, der in demselben Volke ausbrach, ununterbrochen aus dem wirklichen gemeinsamen Leben dieses Volks sich entwickelt hat, und in die niemals ein Bestandteil gekommen, der nicht wirklich eine erlebte Anschauung dieses Volks, und eine mit allen übrigen Anschauungen desselben Volks im allseitig eingreifenden Zusammenhange stehende Anschauung ausdrückte."[8] Ausschlaggebend ist die sinnliche Anschauung im Frühstadium des Spracherwerbs. Sind in diesem Bereich sprachliche Veränderungen *nahtlos* (das heisst ohne massive Intrusion eines fremden Idioms) gegeben, so kann auch das Eindringen übersinnlicher Fremdwörter an der kräftigen Integrität und Kontinuität des sinnlichen Sprachfundaments nicht rütteln. Ganz anders steht es mit den romanischen Sprachen. In der heutigen Romania wurde einst das eigene Idiom zugunsten einer "für übersinnliche Bezeichnung schon sehr gebildeten"[9] Sprache aufgegeben. Das hat zur Folge, dass die sinnliche Basis übersinnlicher Ausdrücke verlorengegangen ist, und die Sprechenden zur Erklärung jeweils die "flache und tote Geschichte einer fremden Bildung"[10] heranziehen müssen.

Weniger aus Gründen der fehlenden Kontinuität oder mangelnden Organizität billigt Heidegger den Ablegern des Lateinischen weniger Denkkapazität zu, sondern weil jene dem römischen Verständnishorizont entspringen, der die instrumentelle Abrichtung des Seienden antizipierte. Dem Deutschen aber wird durch die postulierte Verwandtschaft mit dem Griechischen die Fähigkeit zur Metaphysikbefragung, und somit eine gewisse Wahrhaftigkeit attestiert. Das Deutsche spricht wahr.

So verstehen wir, weshalb Heidegger manchmal ältere Sprachschichten und Bedeutungsfelder oder Dialektismen zur Beantwortung der jeweils vorliegenden Was ist?-Frage einbezieht und mit dieser Hilfe seinen Denkweg fortsetzt.[11] Diese Vorgangsweise wurde füglich mit dem Etymologismusvorwurf versehen. Heidegger hält dagegen: "Das blosse

---

[8] J. G. Fichte, *Reden an die Deutsche Nation*, Hamburg 1978, p. 66
[9] a.a.O., p. 67
[10] ibd.
[11] vgl. z.Bsp. VA, pp. 45, 140ff., 167f., Gel, p. 39, US, pp. 22, 198.

Feststellen der alten und oft nicht mehr sprechenden Bedeutung der Wörter, das Aufgreifen dieser Bedeutung in der Absicht, sie in einem neuen Sprachgebrauch zu verwenden, führt zu nichts, es sei denn zur Willkür. Es gilt vielmehr, im Anhalt an die frühen Wortbedeutungen und ihren Wandel den Sachbereich zu erblicken, in den das Wort hineinspricht. Es gilt, diesen Wesensbereich als denjenigen zu bedenken, innerhalb dessen sich die durch das Wort genannte Sache bewegt. Nur so spricht das Wort und zwar im Zusammenhang der Bedeutungen, in die sich die von ihm genannte Sache durch die Geschichte des Denkens und Dichtens hindurch entfaltet."[12] Bei der Lektüre der einschlägigen Passagen allerdings fällt es überaus schwer festzustellen, ob der Sachbereich tatsächlich erblickt worden ist, "in den das Wort hineinspricht", oder ob Heidegger der Willkür doch nicht ganz entronnen ist. So etwa, wenn dieser aus dem althochdeutschen "buan" die Selbigkeit von bauen, wohnen und Sein herleitet.[13] Regelmässig spielt Heidegger einstige, umfassendere Wortverwendungen gegen neuzeitliche, "verengte" aus. Nun wäre ja prinzipiell nichts dagegen einzuwenden, wenn Heidegger Kenntnisse der historischen Linguistik gleichsam als heuristische Katalysatoren zur Konstruktion seiner Begriffe verwendete.[14] Allein, Heidegger bezeichnet seine Verwendung von "bauen" (um dem Beispiel nachzugehen) als den "eigentlichen Sinn" und die "eigentliche Bedeutung"[15] des Wortes. Das Althochdeutsche hat hier denselben Authentizitätsstatus inne wie sonst das Griechische der Vorsokratiker. Einmal mehr wird auch klar, dass Sprachgeschichte Seinsgeschichte ist und umgekehrt: "Dass die Sprache die eigentliche Bedeutung des Wortes bauen, das Wahren, gleichsam zurücknimmt, bezeugt jedoch das Ursprüngliche dieser Bedeutungen; denn bei den wesentlichen Worten der Sprache fällt ihr eigentlich Gesagtes zugunsten des vordergründig Gemeinten leicht

---

[12] VA, p. 44f.
[13] a.a.O., p. 140f.
[14] Wobei in Rechnung gestellt werden muss, dass viele Etymologien Heideggers unkorrekt sind. vgl. H. Meschonnic, *Le langage Heidegger*, Paris 1990, pp. 311f., 323, 327ff. Dass es pedantisch wäre, bewusste Passagen einzig mit den Ellen der Sprachwissenschaften zu messen, konzedieren wir gerne. Jeden prüfenden Blick aber von vornherein zu verweigern, wie dies etwa Gilles Deleuze mit der These tut, es gehe eh darum, "(...) de dépasser l'étant scientifique et technique vers l'étant poétique", ist eine Flucht nach vorne und heisst, königlicher als der König sich zu gebärden. G. Deleuze, *Critique et clinique*, Paris 1993, p. 123
[15] VA, p. 142

in die Vergessenheit."[16] Trotz dieses Rückverweises bleibt allerdings der Eindruck, Heidegger sei mit seinen etymologisierenden Begriffsbildungen einem gewissen nostalgischen Eskapismus nicht ganz entgangen...

Zur Richtigkeit der Seinsgeschichte[17]

"Die Philosophie folgt auch dort, wo sie bei Descartes und Kant 'kritisch' wird, stets dem Zug des metaphysischen Vorstellens. Sie denkt vom Seienden aus auf dieses zu, im Durchgang durch einen Hinblick auf das Sein. Denn im Lichte des Seins steht schon jeder Ausgang vom Seienden und jede Rückkehr zu ihm.
Aber die Metaphysik kennt die Lichtung des Seins entweder nur als den Herblick des Anwesenden im 'Aussehen' (ἰδέα) oder kritisch als das Gesichtete der Hin-sicht des kategorialen Vorstellens von seiten der Subjektivität."[18]
"Die Seinsvergessenheit bekundet sich mittelbar darin, dass der Mensch immer nur das Seiende betrachtet und bearbeitet, weil er dabei nicht umhin kann, das Sein in der Vorstellung zu haben, wird auch das Sein nur als das 'Generellste' und darum Umfassendste des Seienden oder als eine Schöpfung des unendlichen Seienden oder als das Gemächte eines unendlichen Subjekts erklärt."[19]
Soweit zwei Zitate, die nochmals Hauptzüge der Heideggerschen Metaphysikdiagnostik wiedergeben. Obwohl deren Ingeniosität zumindest über gewisse Strecken unangefochten ist und die grosse Wirkungsmächtigkeit partiell erklären kann, darf doch nicht ungeprüft bleiben, ob die unablässig wiederholten Charakterisierungen seinsgeschichtlicher Grundtendenzen mit allen "metaphysischen" Ausprägungen überhaupt deckungsgleich sind. Bei folgenden zentralen Punkten bleibt höchst diskutabel, ob Heideggers Beschreibungen zutreffen:

- Für Heidegger ist die Subjektivität ein Ersatz Gottes, insofern sie sich selbst abhängigkeitslos setzt und sukzessive die Eigenheit des

---

[16] ibd.
[17] Nachfolgende Hinweise verdanke ich fast gänzlich Manfred Frank.
[18] Hum, p. 22
[19] a.a.O., p. 30

Seienden regiert, bis die Dinge auf den Status des zu vernutzenden Bestandes hinabsinken. Die Grundlage für die Entstehung eines solchen Inhabers der vergegenständlichenden Vor-stellungen bildet die Auffassung, das Sein entspreche der Gesamtheit des erscheinenden Seienden. Das Subjekt ist *absolut*, weil völlig selbstschaffend und -bezüglich.

Unklar bleibt hier freilich, wie es denn mit der Tatsache steht, dass die von zunehmend komplexer werdenden Bildungen innerer Prinzipien zur Subjektivitätskonstitution geprägte philosophische Neuzeit begleitet wird von der Besorgnis um die Unauslotbarkeit des Selbst. Die Frage nach dem Dass-Sein (im Gegensatz zum Was-Sein) des Selbst wird nicht überall durch den Verweis auf ein äusseres Schöpferwesen eliminiert oder durch Integration in das Subjektgebäude aufgehoben, sondern auch als subjektiv Unverfügbares und/oder Bodenloses hingenommen. Exemplarisch hierfür ist das Unvordenkliche des sich entziehenden "absoluten Subjekts" bei Schelling. Im Vortragstext *Über die Natur der Philosophie als Wissenschaft* (1821) wird es "wesentliche Freiheit" genannt, die ein "lauteres Können" oder der "Wille an sich" ist, dessen nur ein "nichtwissendes Wissen" inne wird. Weitere prominente Beispiele wären Nietzsches "Wille zur Macht" oder Freuds "Unbewusstes".

– Bezieht man Heideggers These vom vor-stellenden Subjekt auf das Ich, so ergibt sich das Modell des Selbstbewusstseins als zweipoligen Phänomens. Das Ich (Vorstellendes) stellt sich selbst (Vorgestelltes) vor. Tatsächlich beschreibt Heidegger (und nach ihm wohl die gesamte Postmoderne) das "metaphysische" Selbstbewusstsein als ein aus der selbstgegenwärtigen (das Ich ist bei sich) Reflexion gewonnenes. Für massgebliche Denker der Neuzeit trifft dies auch zu, und vor allem im Husserlschen Kontext ist das Argument verständlich, doch es ist dennoch zu allgemein gehalten. Bereits Fichte kämpfte mit den Schwierigkeiten, die auftauchen, wenn das Selbstbewusstsein aus Entgegensetzungen der Reflexion gebildet werden soll: Wie vermag das Ich, ohne Begriff seiner selbst, durch vorstellendes Zurückbiegen auf sich selbst, sich selbst überhaupt zu finden und zu erkennen? Dazu bedarf es eines vorhergehenden Wissens von sich selbst, was einen Zirkel ergibt. Deshalb spricht Fichte von einem der Reflexion vorgeschobenen "unmittelbaren Selbstbewusstsein", das ein "Sichsetzen als"[20] sei, das Subjekt und Objekt vereinige. Novalis befriedigte die erneute Verwendung des Reflexivpronomens "sich" nicht, da er von der Unverträglichkeit von Unmittelbarkeit und Selbstbezüglichkeit ausging. Auch er konstatiert: "Was die Reflexion findet, scheint schon da zu sein."[21] Die präreflexive Vertrautheit des Bewusstseins nennt Novalis das "Gefühl"[22], welches sich nicht durch eine Setzung erschliesst und so ein "Gesetztes durch ein Nichtsetzen"[23] ist. Auch Schleiermacher bezeichnet das "unmittelbare Selbstbewusstsein" (das er unterscheidet vom "reflektierten") als "Gefühl"[24]. Heideggers Matrix der Vor-stellung, der alle Subjektkonzepte der abendländischen Philosophie angeblich entsprechen sollen, steht nunmehr auf wackligen Füssen.

– Ebenso ist offenbar Selbstbewusstsein nicht immer gleichbedeutend mit Ichheit. In der bereits zitierten *Dialektik* Schleiermachers von 1822 impliziert das "unmittelbare Selbstbewusstsein" gerade nicht die Kenntnis eines Ich, da dieses erst als Reflexionsprodukt auftreten kann: "Dies ist das unmittelbare Selbstbewusstsein = Gefühl, welches ist 1. verschieden von dem reflektierten Selbstbewusstsein = Ich, welches nur die Identität des Subjekts in der Differenz der Momente aussagt, und also auf dem Zusammenfassen der Momente beruht, welches allemal ein vermitteltes ist; 2. verschieden von der Empfindung, welches das subjektive Persönliche ist im bestimmten Moment, also mittelst der Affektion gesetzt."[25]

Ähnlich tönt es im Sartreschen Aufsatz *La Transcendance de l'Ego* (1936): "L'Ego n'est pas propriétaire de la conscience, il en est l'objet. Certes nous constituons spontanément nos états et nos actions comme des productions de l'Ego. Mais nos états et nos actions sont aussi des objets. (...) L'attitude reflexive est exprimée correctement par cette fameuse phrase de Rimbaud (dans la lettre du voyant) 'Je

---

[20] *Fichtes Werke* I, hrsg. v. I. H. Fichte, Berlin 1971, p. 528
[21] Novalis, *Schriften*, 2.Band, hrsg. v. R. Samuel, Darmstadt 1965, p. 112. Manfred Frank äussert sich ausführlicher zu Hardenbergs, dem Reflexionsproblem gewidmeten Beiträgen in: *Einführung in die frühromantische Ästhetik*, Frankfurt a. M. 1989, pp. 248ff.
[22] Novalis, op. cit., p. 113
[23] a.a.O.p. 125
[24] F. Schleiermacher, *Dialektik*, hrsg. v. R. Odebrecht, Darmstadt 1976, p. 288
[25] ibd.

est un autre'. Le contexte prouve qu'il a simplement voulu dire que la spontanéité des consciences ne saurait émaner du Je, elle va vers le Je, elle le rejoint... (...) Nous pouvons donc formuler notre thèse: la conscience transcendantale est une spontanéité impersonnelle."[26]
– Durch die Verabschiedung des Reflexionsmodells gerät aber auch die Unumgänglichkeit ins Wanken, das Selbstbewusstsein temporal als Selbstgegenwart zu bestimmen.[27] Wir belegen die durch den Bruch mit dem Reflexionsmodell erfolgenden Konsequenzen für den Zeitsinn des Selbstbewusstseins wiederum summarisch am Beispiel Novalis'.[28]

Die entscheidende Unvereinbarkeit von Reflexion und Gefühl bewirkt die Unmöglichkeit für das Subjekt, diese beiden Richtungen instantan zu vereinigen. Die verpasste "absolute Identität" zerlegt sich stattdessen in sukzessive Erfahrungen. Die eine Erfahrung vermittelt den Umstand, dass Seyn dem Subjekt immer schon zuvorgekommen ist, und offenbart sich dem Bewusstsein als Ablösung von der *Vergangenheit*. Auf diese Trennung antwortet der "Ergänzungstrieb" durch auf die *Zukunft* gerichtete Wiederaneignungsversuche des Verlorenen.[29] Diese Hoffnung aber kann nicht realisiert werden: "Erstlich ist an und für sich ein Widerspruch, dass in der Zeit etwas geschehen solle, was alle Zeit aufhebt, wie jede Verpflanzung des Unsinnlichen (...) in die sinnliche Welt der Erscheinungen."[30] Vielmehr bringt die Hardenbergsche Höherverlegung der Identität (weg von der Urhandlung Fichtes!) eine Verzeitlichung, deren Modi "Erinnerung" und "Hoffnung" heissen. Die Selbstvermittlung des Subjekts wird somit zu einem "Schweben"[31] zwischen Vergangenheit und Zukunft, das charakterisiert ist entweder durch unvordenkliches Über-

---

[26] J.-P. Sartre, *La transcendance de l'Ego*, Paris 1978, pp. 77ff. Frank weist darauf hin, dass unter den "Poststrukturalisten" einzig Deleuze die Apersonalität und Ichlosigkeit des präreflexiven Bewusstseins bei Sartre bemerkt habe. Deren Möglichkeit unter gleichzeitiger Beibehaltung des Bewusstseins als tragendem Begriff freilich bestreitet Deleuze. Vgl. M.Frank, *Was ist Neostrukturalismus?*, Frankfurt a. M. 1984, p. 252f. bzw. G. Deleuze, *Logique du sens*, Paris 1969, p. 124.
[27] Darin besteht eine Hauptthese der Dissertation Franks: *Das Problem "Zeit" in der deutschen Romantik*, München 1972.
[28] cf. M.Frank, *Einführung in die frühromantische Ästhetik* (op. cit.), pp. 262ff.
[29] Diese Erfahrungen des "Seinsentzugs" sind verwandt mit Heideggers Begriffen "Sorge" und "Schuld". Vgl. SZ §41 u. 58
[30] Novalis, op. cit., p. 269
[31] a.a.O., p. 266

holtsein oder durch Sehnsucht nach Überwindung der "inneren Selbstscheidung"[32]. Da beide Richtungen im Selbstbewusstsein nicht zur Deckungsgleichheit gebracht werden können, fungiert die Gegenwart als eine Art "Differential" zwischen Sein und Nicht-Sein (Gegenstand der Reflexion). Von daher die Wendung: "Der Stand stellt vor und ist. Er ist nicht, was er vorstellt, und stellt nicht vor, was er ist."[33] Aufgrund dieses Wechselspiels der beiden Reflexionsrelata kann das Bewusstsein niemals gleichzeitig mit sich selber existieren, " (...) und so leben die Menschen in der That in der ganzen Vergangenheit und Zukunft und nirgends weniger als in der Gegenwart."[34]

Dekonstruktion als Konservation

Das Lächeln gewisser Postmodernisten über die angebliche Einfältigkeit jener, die noch die vermeintliche Naivität besitzen, ernsthaft Kritik am Bestehenden zu üben, läuft in dem Masse auf eselhafte Affirmation hinaus, als es zynisch (nicht kynisch!) ausfällt. Einer der Begabtesten unter diesen "spielerischen" Denkern, Jacques Derrida, stellt mit seinen zunehmend redundanter und kalauerhafter werdenden Publikationen schön unter Beweis, wie gut ein "beim Text bleibender" (an den Wörtern klebenbleibender?) Neutralismus und eine vordergründig provokative Leichtfüssigkeit mittlerweile sich vertragen können. Der einst zum Teil durchaus bereichernde Impetus des Dekonstruktivismus erstarrt heute zum trüben Grinsen des ewigen Philisters, der allenthalben das Scheitern von Diskursen konstatiert: wo er auch hinsieht, ausnahmslos herrscht die Aporie!

Was im Gefolge von *Tel Quel* und Mai '68 auszog, das Identische endgültig zu untergraben, stöbert heute noch mit beachtlicher Insistenz das Immergleiche der überall tätigen "différance" auf. Hinter der Fassade dieses mit mediterraner Schalkhaftigkeit konstruierten Nicht-Begriffs freilich schaut grimmig die Emphase Heideggerschen Seinsdenkens hervor.

---

[32] a.a.O., p. 547
[33] a.a.O., p. 226
[34] Novalis, op. cit. 3.Band

Entscheidend für die différance ist nämlich, in aller Kürze gesagt, ausgehend von der 1967 erschienenen Husserlkritik *La voix et le phénomène* die Diagnose, in der Philosophie herrsche seit jeher eine Metaphysik, die das Sein als Vergegenwärtigung oder Gegenwart ("présence") bestimme. Dieser mit Heideggers Seinsgeschichte in etwa identischen Auffassung fügt Derrida die Thesen der zeitlichen und räumlichen Aufschiebungen und Verzögerungen hinzu: Wie Husserls Phänomenologie unterlag jede Metaphysik der Illusion von der Idealität mit sich selbst identischer Bedeutungen, die von einer reinen, intuitiven Innerlichkeit erfasst werden sollten. Das Zusammenspiel von Bedeutung, Ausdruck und Erleben ist aber gemäss Derrida nur durch einen Prozess der permanenten Zeitigung und Verräumlichung denkbar, der die Vergegenwärtigung erst ermöglicht. Als zentralen Ort der metaphysischen Selbsttäuschung betrachtet Derrida das gesprochene Wort, das den Idealitätsillusionen Vorschub geleistet habe und als der Schrift vorgängig angesehen wurde. In der Metaphysik herrscht Phonozentrismus. Dieser soll durch die "Grammatologie" analysiert werden, die (als Gegenbegriff zur Grammatik) gleichsam zur dekonstruktiven "Logik" wird, welcher die Annahme eines unendlichen, urschriftlichen Verweisungszusammenhangs der Zeichen zugrundeliegt. Damit kommt der différance ein ähnlich irreduzibler Status zu wie der ontologischen Differenz (oder dem Seyn) bei Heidegger. Derrida wie Heidegger ist die Reduktion der okzidentalen Philosophie auf onto-theologische Vorurteile gemeinsam. Für beide ist Ideologiekritik stets ideologisch, und das einzige noch angemessene Denken befindet sich jenseits der vulgären Voreingenommenheiten von Sozial-, Human- und Geschichtswissenschaften. Durch Verwindung oder Destruktion der Metaphysik soll der Philosophie wieder ein hermetisch abgeriegelter, keimfreier Wirkungsraum zukommen, der die Unangreifbarkeit des erneut bestiegenen, traditionellen Wissenschaftsthrons garantieren soll.

Selbstverständlich kann es hier nicht darum gehen, die Originalität des Derridaschen Schaffens pauschal in Abrede zu stellen. Vielmehr muss nebst der jetzt banalen Feststellung, dass der Dekonstruktivismus dem späten Heidegger zu einer Renaissance verholfen hat, darauf hingewiesen werden, dass Derrida sich in der "Verwaltung" dieses Erbes ab und zu gewissen Verdachten aussetzt. Wohl kann von Willfährigkeit kaum die Rede sein, da bekanntlich auch Heidegger selbst dem Derridaschen

Verdikt des Phallogozentrismus nicht entgeht (wobei eine detaillierte Betrachtung den Wert dieser Überbietungsfigur erst angeben müsste), doch in bezug auf die Rektoratsaffäre und die autoritären Momente beim Seinsdenker scheinen Derridas Positionen denjenigen apologetischer Heideggertraditionalisten beunruhigend nahe zu sein. Inwiefern? Jahrzehntelang legte der französiche Heideggerianerkreis um Jean Beaufret einen verblüffenden Eifer an den Tag, vor allem den späten Heidegger zu verbreiten, dessen Seinsdenken variantenreich zu reproduzieren, die delikaten Aspekte aber entweder möglichst editorisch unter Verschluss zu halten, oder im gegebenen Fall in der Übersetzung aseptisch zu gestalten. Diese grossangelegten Bemühungen bildeten das Fundament für die innerhalb der französischen Intelligentsija ungebrochene Wirkungsmächtigkeit Heideggers, die im deutschsprachigen Raum häufig mit Erstaunen registriert wurde.

In der Rektoratsfrage nun vertraten diese orthodoxen Heideggerianer eine Erklärungsversion, die ihren Leitfaden sozusagen direkt aus dem seinsgeschichtlichen Dispositiv bezieht.[35] Man liess verlautbaren, Heidegger habe in SZ die **Daseinsverfallenheit** sowie deren Überwindung hin zur **Eigentlichkeit** ("durch" die **vorlaufende Entschlossenheit** und die **Sorge**) in den Schoss eines subjektgebundenen Auftrags zur Veränderung gelegt, währenddem dieselbe Verfallenheit doch invariant als Existenzial gilt.[36] Ein ähnliches Problem erzeuge die Frage nach dem Geschick der Seinsfrage. Der Grund für das Vergessen der Seinsfrage scheint ja strukturell im uneigentlichen Seinsmodus des Verfallens zu liegen: "(...) das Dasein ist zunächst und zumeist *bei* der besorgten Welt." Die Griechen aber vermochten die Seinsfrage teilweise noch zu stellen, so dass "ihr" Dasein ein anderes gewesen sein muss. Somit wäre das Verfallen geschichtlich (variabel), obwohl in den invarianten Seinsmodi angelegt. Dies bestätigt Heidegger, wenn er etwa über das Existenzial **Man** sagt: "Eindringlichkeit und Ausdrücklichkeit seiner Herrschaft können geschichtlich wechseln."[37] Bewusste Heideggerianer schlossen daraus eine gefährliche Spannung, welche 1933 fatalerweise entladen worden sei. Heideggers Engagement an der Spitze der Freiburger Universität sei,

---

[35] Eine Darstellung findet sich in *Heidegger et les Modernes*, Paris 1988, von L. Ferry und A. Renaut. Letzterer, ein reuiger Ex-Heideggerianer, führt die von ihm selbst in den Siebzigern noch vertretene These ab Seite 76 vor.
[36] cf. SZ, p. 176.
[37] SZ, p. 129

so heisst es, nur aufgrund der anthropozentrischen Anteile von SZ, die den Aktivismus begünstigten, möglich gewesen. Diese Episode soll also der tragische Ausdruck der philosophischen Beharrlichkeit sein, den Menschen in die Mitte des Denkens und Geschehens zu stellen. Der Ertrag dieses Arguments ist es, den späteren Heidegger gegen denjenigen von SZ ausspielen zu können.

Soweit der orthodoxe Argumentationsstrang. Es gilt nun zu sehen, wie weit und in welcher Art der Derridasche Lösungsweg zur Rektorats- und Nazismusfrage davon abweicht.[38] Derrida geht aus von §10 in SZ, wo es um die "Abgrenzung der Daseinsanalytik gegen Anthropologie, Psychologie und Biologie", so der Titel, geht. Dabei scheidet Heidegger Begriffe und Denkrichtungen aus, die zur adäquaten Behandlung des Daseins nichts taugen sollen. Darunter fällt auch der Ausdruck "Geist"[39], der in SZ, wo er dennoch benötigt wird, in Gänsefüsschen auftritt. Sechs Jahre später gerät Heidegger in Widerspruch zu diesem Vorgehen, da er in der Rektoratsrede den "Geist" nicht nur ins Zentrum seiner Ausführungen rückt, sondern in der schriftlichen Ausgabe auch ohne schützende Gänsefüsschen verwendet. Dies gilt auch für andere Texte aus der Rektoratszeit.

Wie beurteilt Derrida diese Änderung der terminologischen Verfahrensweise? Das Weglassen der Gänsefüsschen ist ihm gemäss Teil einer besonderen Strategie, die sich als heimtückische Falle erweisen sollte, deren "Opfer" eigentlich Heidegger selbst wurde: "Retorse, au moins double, la stratégie peut toujours réserver une surprise de plus à celui qui croit la contrôler."[40] Zum einen könne man Heidegger den Vorwurf der Vergeistigung des Nationalsozialismus machen, etwa so wie jener Nietzsche der Vergeistigung des Geistes der Rache bezichtigt habe.[41] Handkehrum impliziere diese Form der Vergeistigung eben auch ein persönliches Risiko, nämlich die Absetzung vom üblichen ideologischen Diskurs des Nazismus genau dadurch, dass nicht an natürliche, biologische oder rassische Kräfte appelliert werde. Weshalb nun soll Heidegger mit diesem Vorgehen in eine Falle geraten sein? "Parce qu'on ne peut se démarquer du biologisme, du naturalisme, du racisme dans sa forme

---

[38] Wir nehmen Bezug auf die Aufsatzsammlung *Heidegger et la question*, Paris 1990.
[39] SZ, p. 46
[40] Derrida, op. cit., p. 51
[41] a.a.O., p. 52

génétique en en faisant de nouveau une unilatéralité de la *subjectité*, fût-ce sous sa forme volontariste."[42] Bereits liegt wieder das Hauptmotiv der Derridaschen Dekonstruktion vor: die Ablehnung jeder "métaphysique de la subjectité", welcher letzterer Heidegger just mit seiner Rektoratsrede verfallen sei. Alle diese Metaphysikformen sind für Derrida ein einziges unbarmherziges "programme", von dem es heisst: "On n'a de choix qu'entre les terrifiantes contaminations qu'il assigne."[43]

Dieser Gedankengang ist gegenüber dem "orthodoxen" einigermassen subtil und bringt mithin zusätzliche Vorteile. Da die Rektoratsrede bei Derrida gerade nicht die fatale Weiterführung anthropozentrischer Anteile von SZ darstellt, sondern als klare Regression und Bruch mit dem metaphysikunterminierenden Unternehmen aus dem Jahre 1927 gehandelt wird, kann SZ qua erstes dekonstruktives Hauptwerk seine vollumfängliche Gültigkeit bewahren.[44] Das überlieferte Argument spielte konsequent den späten Heidegger gegen denjenigen von SZ aus. Derridas Anliegen hingegen ist es, im gesamten Heideggerschen Oeuvre das Spannungsverhältnis zwischen positiv bewerteten (dekonstruktiven) und regressiven (metaphysischen, subjektphilosophischen) Aspekten vorzuführen. Durch die Parallelisierung der Rektoratsübernahme mit dem Rückfall (Verherrlichung des Geistes) vermag Derrida wichtigste Teile des Heideggerschen Erbes würdigend zu bewahren und verdeutlicht damit zugleich die Unabdingbarkeit seines eigenen Projekts, nämlich der Dekonstruktion des Anthropo- und Phallogozentrismus.

Bewusste Ausführungen über den wechselhaften Werdegang des Begriffs "Geist" bei Heidegger scheinen uns freilich doch wenig zu sein innerhalb der Rektoratsthematik, zumal Derrida nicht für verbalen Kleinmut bekannt ist. Weitet man die Rektoratsfrage aus zum Problemfeld eventueller Bezüge des Heideggerschen Denkens zum Nationalsozialismus, so wird die Betrachtung der verschiedenen "Geist"-Notionen vollends zur marginalen Arbeit über ein Epiphänomen. Möglicherweise ist Derridas Zurückhaltung erklärbar durch die bei Heidegger gemachten Anleihen, denen die dekonstruktivistischen Prämissen partiell überhaupt zu verdanken sind. Nun müssen billigerweise marginale Ar-

---

[42] a.a.O., p. 53
[43] ibd.
[44] In den fünfziger Jahren soll Heidegger dann anhand der Dichtung Trakls seine Dekonstruktion des "Geistes" durchgeführt haben. Vgl. a.a.O., pp. 102ff.

beiten oder solche über marginal scheinende Untersuchungsgegenstände weder langweilig noch unfruchtbar sein. Wird aber mit der Prätention publiziert, suspekte Tendenzen bei Heidegger unter die Lupe zu nehmen, so bieten sich weit ergiebigere Termini als derjenige des Geistes an. In SZ wären das etwa Begriffe wie das Man, die Entschlossenheit, das **Vulgäre**, die **Feigheit**, oder Sätze wie folgender: "Die eigentliche Wiederholung einer gewesenen Existenzmöglichkeit – dass das Dasein sich seinen Helden wählt – gründet existenzial in der vorlaufenden Entschlossenheit; denn in ihr wird allererst die Wahl gewählt, die für die kämpfende Nachfolge und Treue zum Wiederholbaren frei macht."[45] Schade also, dass Derrida seine übliche, in arabesk-akribischem Stil umgesetzte Abräumungs- und Wiederaufrichtungsverve nicht in den Dienst einer solchen Aufgabe gestellt hat. Wo man aufmerksames Schürfen und Graben erwarten durfte, betrieb Derrida Gänsefüsschenhistorie mit Samthandschuhen. Enttäuschend für ein Denken, das für sich beansprucht, die letzten identifikatorischen Zwinger ausfindig zu machen und die versteckten Autoritarismen und blinden Flecken jeden Textes zu entlarven.

Schwerer noch als diese Zaghaftigkeit wiegt jedoch die Tatsache, dass Derridas Umgang mit der Rektoratsrede bei näherem Hinsehen nicht entscheidend vom orthodoxen Argument abweicht. Wohl gibt Derrida nicht arglos den Restanthropozentrismus Heideggers an als Ursache für dessen Einsatz an der Spitze der Freiburger Universität. Klar im Rampenlicht der "complicités" steht aber trotzdem nicht etwa die Rektoratsperiode mit allen Implikationen, sondern der verabscheute Rückfall in metaphysische Philosopheme. Dadurch erst, so sollen wir das wohl verstehen, hat Heidegger sich dem "Geist" der damaligen Zeit angepasst. Solches fügt sich nun passend ein in den hinlänglich bekannten Antihumanismus derjenigen Kategorie französischer Modernitätskritiker der Nachkriegszeit, die von einer Aufnahme und Verarbeitung der beiden anderen Meisterdenker, Marx und Freud, nichts mehr oder sowieso nichts wissen wollten und Heidegger als glückliche Alternative empfanden.

Die Debatten um nicht-anthropozentrische Denkweisen (zuvorderst in der Frage um ein anderes Verhältnis zur Natur) gehören in der gegenwärtigen Diskussion mit Recht zur Tagesordnung. Je mehr Licht aber

---

[45] SZ, p. 385

gleichzeitig durch die wachsende Grösse des Dossiers in die Rektoratsaffäre geworfen wird, desto skurriler muten die (Heideggers eigene Darstellung der Moderne und des real existierend gewesenen Nationalsozialismus häufig getreu kopierenden) antihumanistisch fundierten Interpretationen der Angelegenheit an. Jene gipfeln bekanntlich im provokativen Satz Philippe Lacoue-Labarthes: "(...) le nazisme est un humanisme (...)"[46]

Solche Aussagen implizieren genau die Art von Pauschalisierung, wie sie bereits bei Heideggers Nivellierung der modernen Ideenkosmoi auf die seinsverlassene Selbststeigerung der Subjektivität zu beobachten war. Sobald einmal im Rahmen des Dekonstruktivismus differenzierende Einwände als Traditionalismus endgültig abgelehnt werden, eröffnet sich die Möglichkeit, von allen "onto-theologischen" Konzepten tels quels Ähnliches oder Gleiches zu prädizieren. Egal was vorliegt – nun lassen sich Sätze generieren wie "Simone de Beauvoirs Feminismus ist ein Phallozentrismus", "der Positivismus ist ein Humanismus" oder "Hitlers *Mein Kampf* ist logozentrisch".

Doch die Polemik muss gar nicht auf die Spitze getrieben werden, um zu zeigen, wie hanebüchen solche Ergebnisse sind. Die Behauptung Lacoue-Labarthes tut dies zur Genüge. Der Nazismus wird ein Humanismus genannt. Dieser Humanismusbegriff beinhaltet offenbar alle Humanitas-Vorstellungen, seien sie nun universalistisch-transzendental, romantisch, biologistisch-rassistisch. Rousseau, Kant, Herder, Renan, Gobineau, Chamberlain – alle sind sie Vertreter von Variationen derselben Matrix. Demgegenüber muss mit Nachdruck festgehalten werden, dass hier *relevante* Unterschiede vorliegen, deren Konsequenzen entscheidend sind. Diesen Anthropologien unterschiedslos sogenannte "terrifiantes contaminations" vorzuwerfen, heisst in die berühmte Hegelsche Nacht der schwarzen Kühe einzutauchen; da hilft auch alles Menetekeln nichts mehr.

---

[46] Ph. Lacoue-Labarthe, *La fiction du politique*, Paris 1987, p. 138. Eine andere Dimension erhält der Satz, wenn man rassistische Exzesse des 20.Jh. im Rahmen einer Filiation sieht, die institutionelle Praxis und humanwissenschaftliche Diskursivierung umfasst. Michel Foucault entwirft eine Genealogie des Rassismus, deren Hauptdispositiv die im 19.Jh. auftauchende **Bio-Macht** ist, welche durch die Rationalität und die Technologien der Bevölkerungsregulationen wirksam wird. Vgl. *Bio-Macht*, Diss-Texte 25, Duisburg 1993.

Hingegen drängt sich in der Frage des Bezugs des Heideggerschen "Humanismus" zum Rektoratsengagement eine ganz anders gelagerte Vermutung auf. Bildet nicht gerade die "Transzendentalität" der Daseinsbestimmung von SZ (das Dasein als ein Seiendes, dem es in seinem Sein um dieses selbst geht) die Basis für den Widerstand, den Heidegger allen Naturalismen und Biologismen entgegensetzte? Sind es aber nicht genau die spätphilosophischen, in dekonstruktivistischer Sicht nicht oder weniger humanistischen Beschreibungen des Menschen als des Hörenden eines anonymen Seinsgeschicks, die es Heidegger ermöglichten, in Übereinstimmung mit den theoretischen Grundannahmen für sein Vorgehen kein Bedauern zu äussern? Spannend sind in dieser Sache zwei Feststellungen. Erstens behandelt Derrida den spätphilosophischen Komplex "Seinsgeschick – Mensch" stiefmütterlich, denn dessen Dekonstruktion würde die Infragestellug wichtiger Pfeiler des eigenen (explizit nicht-humanistischen) Konzepts ergeben.[47] Zweitens wendet Derrida das Ausbleiben einer Entschuldigung Heideggers in ein Positivum: "Ohne Heideggers furchtbares Schweigen würden wir das Gebot nicht verspüren, das sich an unser Verantwortungsbewusstsein richtet, die Notwendigkeit, Heidegger so zu lesen, wie er sich selbst nicht gelesen hat."[48] Das müssen wir uns vor Augen halten, wenn die Diskrepanz befremdet zwischen dem spärlichen Ertrag Derridascher Äusserungen zum vorliegenden Thema und der bekräftigenden Versicherung, ebendiese Angelegenheit habe durchaus Priorität: Offensichtlich steht viel auf dem Spiel. Nur so wird der ungehaltene Vorwurf Derridas an die Adresse Victor Farías' verständlich (dessen 1987 erschienenes, zugegebenermassen philosophisch unergiebiges Enthüllungsbuch *Heidegger et le nazisme* in Frankreich eine gewaltige Debatte auslöste), dieser habe womöglich kaum länger als eine Stunde Heidegger gelesen.

---

[47] Ferry/Renaut treiben diesen Sachverhalt mit etwas gar viel Chuzpe auf die Spitze mit der Formel "Derrida = Heidegger + le style de Derrida." *La pensée 68*, Paris 1985, p. 167.
Heideggers heteronomer Mensch der Spätphilosophie scheint für Derrida als Entwurf weniger autoritäre Züge zu tragen als der "Geist" der Rektoratsrede. Heidegger überbietend, attestiert Derrida allerdings auch dem "Menschen" nach der Kehre humanistische Züge. Vgl. *Marges de la Philosophie*, Paris 1972, pp. 147ff. Zu fragen wäre, ob Derridas Überbietung der ontologischen Differenz durch die **différance** nicht im wesentlichen dem **Seyn**, dem **es gibt** oder dem **Ereignis** entspricht.

[48] IG, p. 160

Wie diesbezüglich eine Derridasche Lektüre aussieht, haben wir gesehen. Mit einer bestechenden Akribie macht sie Jagd auf mögliche metaphysische Residuen. Begriffe erscheinen ihr in dem Masse gefährlich, wie sie onto-theologischer Herkunft sind. Da dieses Aufspüren aber unter einem schier perfekten Ausschluss soziokultureller Kontextualität geschieht (die Rückkehr eines alten Innen-Aussen-Dualismus?), kann sich der Dekonstruktivismus bisweilen in einen ahistorischen Wortessentialismus verwandeln, der den ursprünglichen Absichten an sich zuwiderläuft. Ein Begriff ist nicht per se und immer autoritär und regressiv, weil er irgendwie der Metaphysik der Präsenz oder etwelchen Zentrismen zugeordnet werden kann. Mangels dieser Einsicht droht das Unternehmen sonst an der Selbstbeschneidung des Unterscheidungsvermögens, des kritischen Vermögens im etymologischen Sinn, Schiffbruch zu erleiden.

Bibliographie

Martin Heidegger

Kürzel

ED   *Aus der Erfahrung des Denkens*, Gesamtausgabe Bd.13, Frankfurt a. M. 1983
EM   *Einführung in die Metaphysik*, Tübingen 1987
GB   *Grundbegriffe*, Gesamtausgabe Bd.51, Frankfurt a. M. 1981
Gel *Gelassenheit*, Pfullingen 1988
Hum *Über den Humanismus*, Frankfurt a. M. 1991
HW   *Holzwege*, Frankfurt a. M. 1980
ID   *Identität und Differenz*, Pfullingen 1990.
IG   Antwort. Martin Heidegger im Gespräch (hrsg. von G.Neske u. E.Kettering), Pfullingen 1988.
N   *Nietzsche I* u. *II*, Pfullingen 1989
PLW *Platons Lehre von der Wahrheit*, in: WM
SD   *Zur Sache des Denkens*, Tübingen 1969
SG   *Der Satz vom Grund*, Pfullingen 1986
SZ   *Sein und Zeit*, Tübingen 1986
US   *Unterwegs zur Sprache*, Pfullingen 1990
VA   *Vorträge und Aufsätze*, Pfullingen 1990
WD   *Was heisst Denken?*, Tübingen 1954
WiM *Was ist Metaphysik?*, Frankfurt a. M. 1986
WM   *Wegmarken*, Gesamtausgabe Bd.9. Frankfurt a. M. 1976
WW   *Vom Wesen der Wahrheit*, in: WM
Die Selbstbehauptung der deutschen Universität, Frankfurt a. M. 1983
Überlieferte Sprache und technische Sprache, St.Gallen 1989

Andere

Adorno Th.W., *Jargon der Eigentlichkeit. Zur deutschen Ideologie*, Frankfurt a. M. 1964
Adorno Th.W., *Negative Dialektik*, Frankfurt a. M. 1975
Adorno Th.W., *Noten zur Literatur*, Frankfurt a. M. 1974
Altwegg J. (Hrsg.), *Die Heidegger Kontroverse*, Freiburg 1988
Bourdieu P., *L'ontologie politique de Martin Heidegger*, Paris 1988
Brunkhorst H., *Der Intellektuelle im Land der Mandarine*, Frankfurt a. M. 1987
Deleuze G., *Critique et clinique*, Paris 1993

Deleuze G., *Logique du sens*, Paris 1969
Delschen K.-H./Gieraths J., *Philosophie der Technik*, Frankfurt a. M. 1982
Derrida J., *De l'esprit*, Paris 1987
Derrida J., *Heidegger et la question*, Paris 1990
Derrida J., *La voix et le phénomène*, Paris 1967
Derrida J., *Marges de la Philosophie*, Paris 1972
Farías V., *Heidegger und der Nationalsozialismus*, Frankfurt a. M. 1989
Ferry L./Renaut A., *Heidegger et les Modernes*, Paris 1988
Ferry L./Renaut A., *La pensée 68*, Paris 1985
Fichte J.G., *Reden an die Deutsche Nation*, Hamburg 1978
Fichte J.G., *Werke* (hrsg. von I.H.Fichte), Berlin 1971
Foucault M., *Bio-Macht* (Diss-Texte 25), Duisburg 1993
Frank M., *Das Problem "Zeit" in der deutschen Romantik*, München 1972
Frank M., *Einführung in die frühromantische Ästhetik*, Frankfurt a. M. 1989
Frank M., *Was ist Neostrukturalismus?*, Frankfurt a. M. 1984
Franzen W., *Von der Existenzialontologie zur Seinsgeschichte*, Meisenheim 1975
Fürstenau P., *Heidegger. Das Gefüge seines Denkens*, Frankfurt a. M. 1958
Gethmann-Siefert A./Pöggeler O. (Hrsg.), *Heidegger und die praktische Philosophie*, Frankfurt a. M. 1988
Glaser G., *Das Tun ohne Bild. Zur Technikdeutung Heideggers und Rilkes*, Tübingen 1980
Glucksmann A., *Descartes c'est la France*, Paris 1987
Habermas J., *Der philosophische Diskurs der Moderne*, Frankfurt a. M. 1988
Habermas J., *Philosophisch-politische Profile*, Frankfurt a. M. 1981
Kuschbert-Tölle H., *Martin Heidegger. Der letzte Metaphysiker?*, Meisenheim 1979
Lacoue-Labarthe Ph., *La fiction du politique*, Paris 1987
Löwith K., *Mein Leben in Deutschland vor und nach 1933*, Frankfurt a. M. 1989
Meschonnic H., *Le langage Heidegger*, Paris 1990
Nietzsche F., *Kritische Studienausgabe* (hrsg. von G.Colli u. M.Montinari), München 1980
Novalis, *Schriften* (hrsg. von R.Samuel), Darmstadt 1965
Ott H., *Martin Heidegger. Unterwegs zu seiner Biographie*, Frankfurt a. M. 1988
Pöggeler O., *Der Denkweg Martin Heideggers*, Pfullingen 1983
Richardson W.J., *Heidegger, Through Phenomenology to Thought*, Den Haag 1963
Ringer F.K., *The Decline of the German Mandarins*, Cambridge Mass. 1969
Sartre J.-P., *La transcendance de l'Ego*, Paris 1978
Schirmacher W., *Technik und Gelassenheit*, Freiburg 1983.

Schleiermacher F., *Dialektik* (hrsg. von R.Odebrecht), Darmstadt 1976
Seubold G., *Heideggers Analyse der neuzeitlichen Technik*, München 1986
Spengler O., *Der Mensch und die Technik*, München 1931
Stork H., *Einführung in die Philosophie der Technik*, Darmstadt 1977
Tugendhat E., *Der Wahrheitsbegriff bei Husserl und Heidegger*, Berlin 1967
Vietta S., *Heideggers Kritik am Nationalsozialismus und an der Technik*, Tübingen 1989
Wolin R., *Seinspolitik. Das politische Denken Martin Heideggers*, Wien 1991

www.ingramcontent.com/pod-product-compliance
Lightning Source LLC
Chambersburg PA
CBHW020131010526
44115CB00008B/1066